创 意 服 装 设 计 系 列

李 正 丛书主编

U0221645

第二版

女装设计

杨妍 徐崔春 卫来 编著

创意服装

化学工业出版社

·北京·

内容简介

本书是服装设计相关专业的基础性教材。本书在第一版的基础上，着重对女装设计的基础理论和设计实践进行阐述与分析，系统地介绍了女装基础知识、女装设计原则和设计方法，同时修订了第一版本中关于女装风格的内容，进行更加详细的分类和归纳整理，以便读者对女装风格更清楚明了。本书融入了现代消费和审美变迁下的女装设计原则，对第一版中案例进行了更新、解析，以近三年的设计为主，增强设计的流行性和时尚性，还加入了符合现代服装产业特征的新内容。

本书可作为服装院校相关专业的教材，亦可供从事女性服装设计、工艺和产品开发的专业人员及广大服饰爱好者阅读参考。

图书在版编目（CIP）数据

女装设计 / 杨妍，徐崔春，卫来编著 . -- 2 版 .
北京：化学工业出版社，2024. 8. —（创意服装设计系列 / 李正主编）. -- ISBN 978-7-122-45832-2

Ⅰ . TS941.717

中国国家版本馆 CIP 数据核字第 20243G8M99 号

责任编辑：徐　娟　　　　　　　　　　　装帧设计：中图智业
责任校对：李露洁　　　　　　　　　　　封面设计：刘丽华

出版发行：化学工业出版社（北京市东城区青年湖南街 13 号　邮政编码 100011）
印　　装：北京瑞禾彩色印刷有限公司
787mm×1092mm　1/16　印张 10½　字数 250 千字　2024 年 8 月北京第 2 版第 1 次印刷

购书咨询：010-64518888　　售后服务：010-64518899
网　　址：http ://www.cip.com.cn

服装的意义

"衣、食、住、行"是人类赖以生存的基础，仅从这个方面来讲，我们就可以看出服装的作用和服装的意义不仅表现在精神方面，其在物质方面的表现更是一种客观存在。

服装是基于人类生活的需要应运而生的产物。服装现象因受自然环境及社会环境要素的影响，其所具有的功能及需要的情况也各有不同。一般来说，服装是指穿着在人体身上的衣物及服饰品，从专业的角度来讲，服装真正的含义是指衣物及服饰品与穿用者本身之间所共同融汇综合而成的一种仪态或外观效果。所以服装的美与穿着者本身的体型、肤色、年龄、气质、个性、职业及服饰品的特性等是有着密切联系的。

服装是人类文化的表现，服装是一种文化。世界上不同的民族，由于其地理环境、风俗习惯、政治制度、审美观念、宗教信仰、历史原因等的不同，各有风格和特点，表现出多元的文化现象。服装文化也是人类文化宝库中一项重要组成内容。

随着时代的发展和市场的激烈竞争，以及服装流行趋势的迅速变化，国内外服装设计人员为了适应形势，在极力研究和追求时装化的同时，还选用新材料、倡导流行色、设计新款式、采用新工艺等，使服装不断推陈出新，更加新颖别致，以满足人们美化生活之需要。这说明无论是服装生产者还是服装消费者，都在践行服装既是生活实用品，又是生活美的装饰品。

服装还是人们文化生活中的艺术品。随着人们物质生活水平的不断提高，人们的文化生活也日益活跃。在文化活动领域内是不能缺少服装的，通过服装创造出的各种艺术形象可以增强文化活动的光彩。比如在戏剧、话剧、音乐、舞蹈、杂技、曲艺等文艺演出活动中，演员们都应该穿着特别设计的服装来表演，这样能够加强艺术表演者的形象美，以增强艺术表演的感染力，提高观众的欣赏乐趣。如果文化活动没有优美的服装作陪衬，就会减弱艺术形象的魅力而使人感到无味。

服装生产不仅要有一定的物质条件，还要有一定的精神条件。例如服装的造型设计、结构制图和工艺制作方法，以及国内外服装流行趋势和市场动态变化，包括人们的消费心理等，这些都需要认真研究。因此，我们要真正地理解服装的价值：服装既是物质文明与精神文明的结晶，也是一个国家或地区物质文明和精神文明发展的反映和象征。

本人对于服装、服装设计以及服装学科教学一直都有诸多的思考，为了更好地提升服装学科的教学品质，我们苏州大学艺术学院一直与各兄弟院校和服装专业机构有着学术上的沟通，在此感谢苏州大学艺术学院领导的大力支持，同时也要感谢化学工业出版社的鼎力支持。本系列书的目录与核心观点内容主要由本人撰写或修正。

本系列书共有 7 本，参加的作者达 25 位，他们大多是我国高校服装设计专业的教师，有着丰富的高校教学和出版经验，他们分别是杨妍、余巧玲、王小萌、李潇鹏、吴艳、王胜伟、刘婷婷、岳满、涂雨潇、胡晓、李璐如、叶青、李慧慧、卫来、莫洁诗、翟嘉艺、卞泽天、蒋晓敏、周珣、孙路苹、夏如玥、曲艺彬、陈佳欣、宋柳叶、王伊千。

李正

2024 年 3 月

前　言

进入新时代，习近平同志从培养德智体美劳全面发展的社会主义建设者和接班人的高度，明确提出要全面加强和改进学校美育，让祖国青年一代身心都健康成长。近年来，我国高等学校服装教育发展有目共睹，通过服装教育开展美育是每位教育工作者的职责。"十四五"时期，我国服装行业将围绕规划的发展方向继续前行，未来发展潜力巨大。2021年10月中国服装协会发布的《中国服装行业"十四五"发展指导意见和2035年远景目标》中提出，2035年，在我国基本实现社会主义现代化时，我国服装行业要成为世界服装科技的主要驱动者、全球时尚的重要引领者、可持续发展的有力推者。

高校教学需要培养学生的全面性、思辨性，学生既要全面发展又要专业优秀，这两者并不矛盾。"女装设计"对于教授学生全面的服装设计知识是一门重要的课程，这也对授课教师的业务水平有一定的要求。首先要求授课教师的服装综合知识要过硬，学识要渊博，经历要丰富。比如既要懂款式设计又要懂得服装的工艺内容，既要懂得服装的营销与管理又要赏识服装的艺术美等。

本书第一版于2019年3月出版，出版后得到很多学校和读者的好评，印刷多次。当下女装设计和女装市场的流行性变化较快，平均每2～3年更新一次审美观，同时，现如今网络直播带货让更多消费者的消费模式和消费观念趋向于追求个性化。因此，第二版中增加了女装风格的介绍，更换了书中多数设计案例和图片，增强了案例的时尚性，也提高了图片的美观度和清晰度。

本书由杨妍、徐崔春、卫来编著，苏州大学李正教授统筹和指导，也特别感谢化学工业出版社的鼎力支持。在本书的编著过程中得到了诸多老师和学生的帮助，他们都花费了大量的时间和精力，精益求精、毫无怨言，非常感谢王巧教授、唐甜甜老师、吴艳老师、余巧玲老师、曲艺彬老师等。在图片收集整理上，也得到一些企业如浙江红魔方服饰有限公司等的支持，同时还收录了大量的学生作品，在这里对相关人员一并表示感谢。

在编著过程中，由于时间紧、工作量大，书中所选的图片资料和相关信息无法一一标明作者的署名，在此深表歉意，并向作者表示衷心的感谢！由于编著者水平所限，书中内容还不够全面，恳请同行及读者给予批评指正！

编著者

2024年1月

第一版前言

近年来我国经济发展迅速，服装产业也发生了巨大的变化，特别是女装市场。无论是女装的设计、生产、销售，还是女装品牌的延伸、推广，或是行业的配套服务，整个女装产业链都在不断地进步。这就要求服装设计从业者跟随市场的脚步，不断吸取新的知识，应对市场的变化，调整自身的知识框架和设计水平。基于以上现实情况我们编写了本书。

本书以女装的造型与款式设计为主，加入了符合现代服装产业特征的新内容。首先从服装的基本知识开始，包含了服装设计的一般规律和系统知识，以整个设计思路为基础，最终落实到女装的系列设计中。本书系统地介绍了女装基础知识、女装设计原则和设计方法，各章分别讲解了女装的图案设计、细节设计、女装设计的基本程序以及女装的流行趋势预测方法，同时对女装设计中的面料、工艺、服饰品的关系也做了介绍。最后通过实例分析，从设计各个步骤入手，介绍女装系列设计的要点及设计方法，将其与工艺、市场、销售环节紧密结合，强调女装设计与市场的关系，从而形成完整的女装设计体系。本书在编写时，尽量做到内容丰富而又言简意赅，把篇幅控制在一定范围内，做到实用性与适用性兼顾。

本书由徐崔春、李正、杨妍编著。在此要感谢我的研究生导师李正教授给予的指导与帮助，同时本书在撰写过程中还得到了苏州大学艺术学院、苏州大学艺术研究院以及湖州师范学院艺术学院的领导和服装系全体教师的支持。本书是我们团队集体合作的结晶，不少老师和学生都为本书提供了帮助，花费了大量的时间和精力，精益求精毫无怨言。在图片收集整理上，得到了浙江红魔方服饰有限公司的支持，同时还收录了一些学生作品，在这里对他们表示感谢。

在编著过程中，由于时间紧、工作量大，书中所选的图片资料和相关信息无法一一标明作者的署名，在此深表歉意，并向作者表示由衷的感谢。现代服装工艺技术不断发展，时尚潮流不断演变，书中还有一些不完善的地方，恳请各位专家、读者对本书存在的不足和偏颇之处不吝赐教，以便再版时修订。

徐崔春

2018 年 6 月

目　录

第一章　服装的基础知识 / 001

第一节　服装的起源 / 001
　　一、早期 / 远古时代 / 001
　　二、人类进化过程中服饰意识的萌动 / 002
　　三、原始文身 / 002

第二节　服装的目的 / 004
　　一、服装对人体的目的 / 004
　　二、服装对社会的目的 / 005

第三节　服装的意义 / 006
　　一、服装是社会文明程度的标志 / 006
　　二、服装是人类文化的表现 / 006
　　三、服装是人类心理和人类社会活动的
　　　　需要 / 007
　　四、服装是人类生活的必需品和
　　　　装饰品 / 007

　　五、服装是人们生产劳动、日常工作的
　　　　安全防护品 / 007
　　六、服装是文化生活中的艺术品 / 007

第四节　服装的属性 / 008
　　一、服装的物质性 / 008
　　二、服装的精神性 / 009

第五节　服装的基本概念 / 009

第六节　女装构成的造型要素 / 011
　　一、点 / 011
　　二、线 / 013
　　三、面 / 014
　　四、体 / 015

第二章　女装设计的原则与方法 / 016

第一节　女装设计的原则 / 016
　　一、女装设计的形式美原则 / 016
　　二、女装设计中的 TPWO 原则 / 019
　　三、女装设计的三要素 / 020

第二节　女装设计的方法 / 025
　　一、美学法则在女装设计中的运用 / 025
　　二、女装设计的流程 / 029
　　三、设计的题材与主题 / 030

第三章　女装设计风格 / 033

第一节　女装设计风格的表现要素 / 033
　　一、款式 / 033
　　二、色彩 / 035
　　三、面料 / 035

　　四、饰品 / 036
　　五、搭配 / 037

第二节　主流女装风格 / 038
　　一、经典风格女装 / 038

二、前卫风格女装 / 038
三、运动风格女装 / 039
四、休闲风格女装 / 040
五、都市风格女装 / 040
六、田园风格女装 / 041
七、中性风格女装 / 041
八、民族风格女装 / 042
九、混搭风格女装 / 042

第三节　其他风格女装 / 044
一、嬉皮风格女装 / 044
二、朋克风格女装 / 044
三、极简风格女装 / 045
四、哥特式风格女装 / 045
五、巴洛克风格女装 / 045
六、洛可可风格女装 / 046
七、波普风格女装 / 047
八、学院风格女装 / 048

第四章　女装色彩设计 / 049

第一节　色彩的基本知识 / 049
一、色彩的认知 / 049
二、色彩的产生 / 049
三、色彩范畴 / 050
四、三原色、间色、复色 / 051
五、色彩三要素 / 052
六、色彩的感觉 / 053
第二节　女装色彩的特性 / 057

一、色彩的象征意义及其在女装设计中
　　的运用 / 057
二、色彩的联想 / 065
三、色彩的情感属性 / 065
第三节　女装配色的基本法则 / 066
一、同类色在女装设计中的运用 / 066
二、类似色在女装设计中的运用 / 066
三、对比色在女装设计中的运用 / 067
四、相对色在女装设计中的运用 / 069

第五章　女装图案设计 / 070

第一节　服饰图案的基础知识 / 070
一、基本概念 / 070
二、服饰图案的审美与功能 / 073
三、服饰图案的构成形式 / 077
第二节　女装图案的分类与设计方法 / 081
一、女装图案的分类 / 082

二、女装图案的设计方法 / 088
第三节　女装图案的表现 / 094
一、女装图案与其他设计要素的
　　关系 / 094
二、女装图案的表现形式 / 095

第六章　女装细节设计 / 098

第一节　女装细节设计的相关概念 / 098
　　一、女装细节设计的含义 / 098
　　二、女装细节设计的原则 / 098
　　三、影响女装细节设计的主要因素 / 099
第二节　女装细节的分类设计 / 101
　　一、衣领 / 101
　　二、衣袖 / 105
　　三、口袋 / 111
　　四、连接件 / 113
　　五、腰节 / 115
　　六、门襟 / 115
　　七、下摆 / 116
　　八、腰头 / 117
　　九、裤腿 / 118
　　十、衬里 / 118
　　十一、装饰 / 118
　　十二、省道 / 123
第三节　女装细节设计方法 / 125
　　一、变形法 / 125
　　二、移位法 / 125
　　三、实物法 / 125
　　四、材料转换法 / 125

第七章　女装流行分析与应用 / 126

第一节　服装流行概述 / 126
　　一、服装流行的概念 / 126
　　二、服装流行的形式 / 127
　　三、服装流行的预测 / 128
第二节　女装流行资讯的获取 / 131
　　一、时装发布周 / 131
　　二、流行时装杂志 / 131
　　三、专业展览会 / 131
　　四、时尚媒体 / 131
　　五、服装市场 / 132
第三节　女装流行的主题概念 / 133
　　一、年代主题 / 133
　　二、地域主题 / 134
　　三、季节主题 / 135
　　四、文化主题 / 136
　　五、事件主题 / 136
第四节　女装流行的主要内容 / 136
　　一、服装款式 / 137
　　二、服装色彩 / 137
　　三、服装面料 / 138
　　四、整体版型 / 139
　　五、服饰配件 / 139
　　六、穿着方式 / 139

第八章　女装系列化设计 / 140

第一节　系列服装设计的基础知识 / 140
　　一、系列服装设计的概念 / 140
　　二、系列服装设计的意义 / 141
　　三、系列服装的设计原则 / 142

第二节　女装系列服装的设计条件 / 143
　　一、系列主题 / 143
　　二、主体风格 / 144
　　三、品类规划 / 144
　　四、品质要求 / 144
　　五、工艺技术 / 144

第三节　女装系列服装的设计思路 / 144
　　一、归整 / 145
　　二、补充 / 145
　　三、删减 / 145
　　四、关联 / 145

第四节　女装系列服装的设计方法 / 146
　　一、整体系列法 / 146
　　二、细节系列法 / 146
　　三、形式美系列法 / 147
　　四、廓形系列法 / 148
　　五、色彩系列法 / 149
　　六、面料系列法 / 150
　　七、工艺系列法 / 151
　　八、品类系列法 / 152

第五节　女装系列服装的设计步骤 / 153
　　一、前期市场调研 / 153
　　二、选定系列形式 / 153
　　三、整理系列要素 / 154
　　四、款式设计 / 155
　　五、局部调整 / 155
　　六、系列搭配 / 157

参考文献 / 158

第一章
服装的基础知识

女装设计属于服装设计的一个细分门类，研究和学习女装设计，首先要对服装的基础知识有一定的了解，在掌握服装基础知识的前提下再进行实践与创新。女装设计是以女性服装为设计对象，通过思维、美学、设计、实践等过程，将思想与设计融合在一起，最后形成服装的完整过程。

在本章的学习中，我们要了解服装的起源、目的、意义、属性、基本概念以及女装构成的造型要素，这些服装的基础知识将对后续进一步学习女装设计有极大的帮助。

第一节　服装的起源

从古到今，人类为了适应各种各样的生存环境，特别是面对恶劣的气候对人类的侵袭以及各类动物对人类的伤害，不断地发展和完善着自身的服装。而现代意义上的服装已经从功能实用品，发展成为彰显个性、表达自我、体现个人审美等社会意识的综合体。

一、早期／远古时代

（一）唯物的科学进化论

约3500万年前，地球上出现了最早的猿类，它是人类和现代类人猿的共同祖先。经过几千万年的演化，古猿学会了使用工具和直立行走，并逐渐产生了语言；直至距今30万年前，处于旧石器时代晚期的人类，才有了最原始的穿"衣"的生活。

距今约5万年时，随着晚期智人的出现，人类种族开始形成。在北京龙骨山山顶洞考古发掘出一枚长约8.2cm、最粗处的直径仅为0.31～0.33cm的骨针，这表明在距今5万年前，山顶洞人已经掌握磨光和钻孔的技术，制造出了中国最早的缝纫工具。

大约在距今1万年前的新石器时代，原始人开始制造陶器，金属器也开始出现。在青岛大通县孙家寨出土的马家窑文化舞蹈纹彩陶盆上，可以看到有关服装的信息（图1-1）。陶盆图案上跳舞的人似乎穿着连衣裙式、下摆齐膝、腰部束带的袍服。此时的人类已经开始从事农业和畜牧业生产，并在新石器时代晚期初步掌握了养蚕和利用工具进行纺织生产的技术。

图1-1　舞蹈纹彩陶盆

（二）唯心神化论

关于人类起源的学说，历史上影响最大的是基督教《旧约全书》中的"创世说"。其中写到上帝用了六天时间，先造出天地、日月星辰、山川河流、飞禽走兽，最后依照自己的模样用圣土造出了第一个男人，名叫亚当，又从亚当身上取下一根肋骨造了一个女人并作为他的妻子，名叫夏娃。亚当和夏娃最初是不穿衣服的，只因为听了蛇的怂恿，偷吃了禁果，眼睛明亮了，知道了羞耻，才扯下无花果树叶遮住下体，这便是服装的雏形。由此，有学者提出了遮羞论一说。对于这种说法，当代已有不少学者提出质疑，原因是羞耻观念只会在文明社会出现，即摆脱了蒙昧社会和野蛮社会以后。因此，遮羞论并不能说明服装之起源。

二、人类进化过程中服饰意识的萌动

历史的演进是人类活动的轨迹，在此过程中，人类创造了精彩夺目的各类文明。根据人类学、考古学、地质学等学科的学者研究，地球上出现人类的年代推定为二三百万年前，由猿人进化而来。以直立步行为基础而生活的人类，最初全身长满了用来保护身体的体毛，以调节体温、适应环境的变化，达到保暖御寒的目的，并度过了冰河时期。但随着历史的发展，人类在慢慢地进化着，体毛也逐渐退化和脱落，渐渐地露出了身体的表皮，这样人类就不得不考虑要利用什么样的材料来弥补自身生理机能的不足，以达到适应环境的目的，这就使得服装的出现有了极大的可能。

人类为何发明衣服，至今仍然没有一个确定的结论。但自人类体毛脱落后，出现了生理的需要，这是确实的因素，特别是人类在直立行走后，为了生存的需要，他们开始使用双手制作物品，并且运用逐渐发达的头脑发明用具，使用各种器物……最初，他们只是有目的地满足欲望的需求，毫无装饰可言，但在实际生活中，随着生活、技术不断地发展，原始的人类利用发明的器物、工具和自然界中的物质，制作出同时具有防护和装饰作用的"服饰"，这种原始人类最初的服装意识也渐渐地改进着人类的生活方式。正如恩格斯所说的："人则通过他所作出的改变来迫使自然服务于他自己的目的，支配着自然。"

三、原始文身

文身是一种在人体上直接进行装饰的形式。原始人类喜欢用锐器在身上的不同部位刻刺出各种花纹、图形、记号、标志等。同时他们还会涂上颜色，使刻刺的纹样长期地保留在身上。

（一）原始文身的动机与目的

原始文身的目的各有不同，有的是出于爱美，有的是出于性爱、迷信、尊贵、标志、图腾与崇拜等。不管出于何种目的，这种对皮肤的装饰都标志着人类改变外观形象的开始，具有里程碑的意义。在现代社会里，文身现象依然存在，只是它所代表的意义有所不同。

（二）文身的制纹形式

1. 绘制文身

绘制文身是指用一定的绘画工具在人体上绘制出各种纹样。这种文身工艺比较简单，被文身者不用受较大的肉体疼痛，一段时间后还可以将文身图案去掉，再重新进行新的文身绘制与展示。

2. 刺青文身

刺青文身是指用锐器在人体皮肤上刺制出各种纹样，一般都是要添加各种颜色的。这种文身一般无法消除，会在皮肤永久留存。在中国古代封建社会中，自先秦以前就出现了以文身作为刑罚的黥刑，就是在犯人面部刺字，留下永久的犯罪标志。这些刑罚使人对刺青产生了负面的印象。但是在许多其他古代文明社会中，刺青是一种社会阶级与地位的象征，例如在古埃及就利用刺青划分社会地位（图1-2）。

图 1-2　刺青文身

3. 脓制文身

脓制文身也叫痕迹文身，是指用锐器在人体上刻画出图案，然后使用一种草药，让刻画处化脓烂坏后出现的一种疤痕。这种文身很残酷，被文身者需要经受很大的痛苦，持续的时间也比较长。

总之，文身的图案反映了上古人类的思维方式，是人类思想的表现和传达。在没有文字以前，人类往往要通过简单易懂的图形符号来表达思维。

第二节　服装的目的

　　关于人类为何要穿着服装的问题，自从服装出现以来，已有各种不同的说法，但是依据现代的生活，服装的目的大致可分为两类：第一类是对人体的目的；第二类是对社会的目的。对人体的目的是指服装以能防寒防暑或保护躯体免受外界伤害，穿着舒适、便于工作和生活，以及能保持身体有效的活动为目的。对社会的目的是指服装能装饰身体，美化形象，表示个人的职业、喜好，便于行动和完成任务，促使与他人交际更圆满等。

一、服装对人体的目的

　　服装对人体最初的目的一般来说是防寒。在原始时期，防御寒冷是服装非常重要的功能，然而在以后的发展中，服装对人体产生了许多不同目的，防寒的作用有时并不是排在第一位的。服装不仅可以防寒，还可以抗热，抵御阳光照射。我们可以看到，生活在热带国家的人们很喜欢在夏日戴上遮阳帽、墨镜等，拿把遮阳伞也是一种实用的目的。

　　服装可以使人们免受外敌的侵害。人类从原始部落时期就有了各种的冲突与战争，这种战争不可避免地使人产生了制作一种特殊服装——防御性铠甲的愿望。首先各种金属的铠甲在西方国家中得到发展，特别是在中世纪时期有了突破，也有了骑士的专用标准服。后来，铠甲逐步消亡，是由于人类使用火器，这种改进的火器使盔甲的作用发挥不出来。尽管在现代战争中铠甲已经成了无用之物，但是铠甲的替代形式随之出现了，那就是现代战争中的防毒面具，航天特制的服装，材料更好的头盔，装甲兵特制的专用防热服、防弹服装等（图1-3～图1-5）。

图1-3　防毒面具

图1-4　航天服

图1-5　防弹服

在现实中，人们除了会受到有预谋的攻击外，更多的是会受到无意引起的伤害。比如，电焊工在操作时无意中会受到微小火星的伤害，电工在工作时无意中会受到电的伤害，石匠在凿雕石头时无意中会受到碎石的伤害，足球运动员在踢足球时无意中会受到足球的伤害等。这样人们便制造出电焊工和石匠特制的服装与防护眼罩（眼镜），电工专用的绝缘鞋和绝缘手套，足球运动员专用的护腿套等（图1-6～图1-8）。

图1-6　防护眼罩

图1-7　绝缘手套

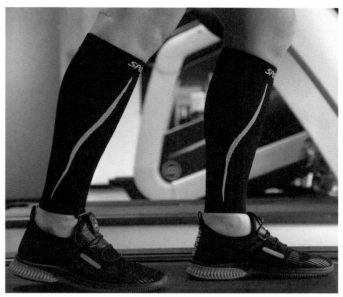

图1-8　足球运动员的护腿套

人们还用服装来防止各种动物的侵扰，如蚊子、苍蝇、蛇、蚂蚁等，它们都会对人体形成威胁和伤害，而服装可以有效地防御它们的侵扰。

二、服装对社会的目的

服装作为人体的第一层屏障，最基本的社会目的之一就是保护个人隐私和尊严。通过穿着合适的服装，人们能够遮盖身体敏感部位，维护个人尊严和隐私不受侵犯。这种保护不仅是个人的基本需求，也是社会文明和道德的重要体现。服装是文化的重要载体，不同的服饰风格、颜色和材质都蕴含着丰富的文化内涵。尊重他人的着装选择，就是尊重不同文化的差异和多样性。通过穿着得体、符合社交场合的服装，人们能够表达对他人的尊重和平等对待，促进不同文化之间的交流与融合。

在社会生活中，服装的目的有多种：有装饰审美目的，表现趣味、爱好、对美的理解和认识，个性的表现与外露，表现出自己的一种优越感，或引起他人的注意与重视；道德礼仪目的，主要为了社交的需要而装扮自己，保持服装上的礼节与尊重，显示自己的品位、风度仪表，向交往者表示友好与敬意等；标识类别目的，为了维持公共秩序，使穿着者能显示出自己的身份、职业、任务等，便于自己的正常行为，如警察在值勤时要穿着警察制服、佩戴警徽以便于让人识别；表演的目的，如舞台装、戏剧装等。

第三节　服装的意义

衣、食、住、行是人类生活的四项基本需要。"衣"被放在首位，可以看出服装的作用和意义是很大的。服装是随着人类历史的发展逐渐出现的，对于人类生活、社会进步与文明都有着十分重要的意义和作用。

一、服装是社会文明程度的标志

服装的面料、加工技术、款式与色彩、色调，取决于所处时代社会生产力的发展水平。面料生产的每一项技术革新和新面料的问世，都为服装开拓出新的发展途径。因此，服装的发展水平在一定程度上反映了社会的物质生产能力和科技水平。社会经济水平高的地区通常能够生产和消费更高质量的服装，使用更好的面料，这些优质的纺织品和精湛的制作工艺往往代表着繁荣和富裕，从而也反映出该地区的社会经济水平。同时，不同的社会文明孕育出不同的服装文化，从款式、色彩、材质到配饰，服装都承载着一个社会的历史、文化和审美观念。

服装的出现给人类的生活状况带来了巨大变化。今天的服装现象已经是人类诸多生活状态中不可缺少的一种状态，这种状态在现代人类生活中已经发展成为一种文明的标志。

二、服装是人类文化的表现

服装是人类文化的一种表现。世界上不同民族的服装，由于其地理环境、风俗习惯、政治制度、审美观念、宗教信仰、历史原因等的不同，体现在服装上也各有自己的风格特点，表现出了一种文化的特性。

从服装的款式、面料、图案的特点中我们可以了解历史、考证过去，了解不同时期、不同地域、不同民族的生活特点和文化特点。例如，从西欧古代服装的造型和近代服装的造型，可以了解西欧人的审美标准、生活状况及思维定式。他们的"立体理念""立体思维"影响着他们的着装和服装款式的演变与发展。从服装结构上来看，立体结构在西装袖型、西装领型上都有具体表现，包括现在的燕尾服、女式的婚纱礼服等也是如此。而中国的服装从历史上看是"平面理念""平面思维"占主导地位，表现在服装上就是平面结构、平面着装。这种观念同样也影响着中国的绘画、雕塑和其他艺术门类，如中国画以及中国古代的雕塑都是以浮雕居多，这也正是文化的特点与表现。

三、服装是人类心理和人类社会活动的需要

服装是人的第二皮肤。服装不仅是构成环境的要素，而且能反映出穿着者的内心活动和素养。衣物作为非语言性的信息传达媒体，可以将穿着者的社会地位、职业、色彩喜好、文化修养、个性风格等传达给别人。人们在家里穿着宽松舒适的服装，使身心得到休养；当人们外出时，往往根据各自不同的目的，穿上不同形式的外出服装，给人一种不同的视觉和情感；穿着运动装，有助于肢体活动，便于锻炼；穿着各种工作服，便于从事各种不同的社会劳动，提高工作效率。这些着装的心理需求和客观存在，也正是人类社会进步与文明的体现。

四、服装是人类生活的必需品和装饰品

人之所以要生产服装，首先是为了满足自身生活的需要。即使人类社会发展到现在，随着科学技术的进步和社会生产的发展，人们的物质生活资料极大地丰富，服装仍是人们维持生活不可缺少的必需品。如果没有服装，人们要想生活下去是很难想象的，甚至可以说是不可能的。

服装除了有维持人们生活的实用意义外，在精神方面还对人类的生活起着装饰、美化以满足心理需要的作用。近几年来，我国人民的经济生活和科学文化水平不断提高，对服装的穿着要求也随之发生了变化，人们越来越讲究款式新颖、色彩美观、表现得体、整体和谐。

五、服装是人们生产劳动、日常工作的安全防护品

人类社会进步的主要标志是社会生产力的发展水平，因而人们要创造历史和推动社会进步，必然要进行各种生产劳动和科技开发工作。人们在从事生产劳动和科技工作中穿着的服装，不仅要具有维持生活的一般意义，而且要具有保护身体、防止损伤的安全防护作用。例如，冶金工人在高温下进行生产操作，需要穿着防高温的服装，以防烧伤、烫伤；电镀工人需要穿着防腐蚀的服装；采矿工人需要穿着牢度强的服装；潜水作业人员需要穿耐水浸泡的服装；消防员灭火时需要穿着既防水又防火的服装；到高山严寒地带进行科学考察和地质勘探的人员需要穿着防寒性强的耐寒服装；宇航员飞行时需要穿着特制的宇航服；某些医疗和科研人员工作时需要穿防辐射的服装等。

六、服装是文化生活中的艺术品

随着人们物质生活水平的不断提高，人们的文化生活也日益活跃。服装虽然是一种物质产品，但在一定领域和情况下，也是一种艺术品，并能很好地显示出它的艺术特色。在文化活动领域内是不能缺少服装的，通过服装来创造各种艺术形象以增强文化活动的光彩是必需的。如在戏剧、话剧、音乐、舞蹈、杂技、曲艺等文艺演出活动中，演员们都穿着特别设计的服装来表演，只有这样才会加强艺术表演者的形象美，增强艺术表演的感染力，提高观众的欣赏乐趣。图1-9是传统戏剧演出服装。

图 1-9　传统戏剧演出服装

第四节　服装的属性

服装作为人们日常生活和工作的一种生活用品，有着自己的性质和特点，这是其他物品所无法代替的，这种性质和特点称为服装的属性。由于服装既有保护人体的功能，又有美化人体的艺术效果，更是体现人们文化艺术素养和精神风貌的社会意识之反映，因此服装具有多重属性，概括起来可归纳为服装的物质性和服装的精神性。

一、服装的物质性

服装的物质性是指来自人生理方面的要求——物质性的一面。服装的物质性是服装成立的基础，具体表现为服装的实用性和科学性。

服装的实用性是指服装是人们的一种物质生活资料，它能满足人们生活的穿着需要，在日常生活和进行各项社会活动时起到保护身体的实用功能，是服装的使用价值之一，是服装的实质所在。实用、经济、美观是服装设计的最基本原则，"实用"在设计原则中排在第一位，这充分说明了实用的价值和重要性。对"实用"的理解，从广义上可以解释为"适应""有用""顺应"，即对环境的适应，对人体的适宜；从狭义上可以将"实用"理解为服装的各种机能表现，包括服装的款式适体、面料适宜、色彩美观等。

服装的科学性是指服装的各种物理性能、化学性能以及这些性能与人体之间的和谐关系，它主要包括服装材料学、服装人体工学、服装卫生学、服装构成学、服装管理学等。

二、服装的精神性

服装的精神性是来自于人心理方面的要求——精神性的一面。服装的精神性是指服装的装饰性和象征性。装饰性包括服装的审美情趣、艺术的特性；象征性包括服装的民族性、服装的符号性、服装的诸多社会性（社会地位、经济地位、所从事的不同职业等）。

"爱美之心人皆有之"，这也是人类的天性和本能。从古至今，人们总在不停地发现美和追求美，在服装形式上的表现尤为突出。如原始人的装饰文身、古代帝王的礼服、现代人的面部修饰（化妆、染发、修眉等）等，这些行为都说明不论古代还是现代，人们为了美一直在积极地不停地行动着，这就是服装的精神性所驱动的必然效应。

第五节　服装的基本概念

服装是一个含义比较丰富的名词，包含很多不同的意思，一方面它等同于"衣服"或"成衣"，另一方面，它指的是人体着装后的一种状态。其次，服装还涉及其他的一些专业名词，如衣裳、衣料、时装、服饰等，不论是从事服装设计相关工作的人员还是服装相关学者，都应该对服装的基本概念有一定了解。

1. 衣服

衣服是包裹人体躯干部的衣物，包括胴体、四肢等遮盖物之总称。一般不包括冠帽及鞋履等物。

2. 衣裳

衣裳可以从两个方面理解：一是指上体和下体衣装的总和；二是按照一般地方惯例所制作的衣服，如民族衣裳、古代新娘衣裳、舞台衣裳等，也特指能代表民族、时代、地方、仪典、演技等特有的服装。

3. 衣料

衣料指制作服装时所用的材料。图1-10所示为经过改造的衣料。

图 1-10　经过改造的衣料

4. 服饰

服饰是指衣着及装饰品，或服装及装饰品的总称。图 1-11 为配饰在女装整体搭配中的作用。

5. 成衣

成衣是指近代出现的按标准号型批量生产的成品服装。这是相对于在裁缝店里定做的服装和自己家里制作的服装而出现的概念。现在在服装商店及各种商场内购买的服装一般都是成衣。图 1-12 为女装成衣陈列。

图 1-11　配饰在女装整体搭配中的作用

图 1-12　女装成衣陈列

6. 时装

时装是指在一定时间、空间内，为相当一部分人所接受的新颖入时的流行服装，对款式、造型、色彩、纹样、装饰等方面追求不断变化创新，也可以理解为时尚的、时髦的、富有时代感的服装，它是相对于古代服装和生活中常见的衣服形式而言的。图1-13为具有现代流行元素的时装。

7. 制服

制服是指具有标志性的特定服装，如宾馆酒店制服、工厂企业工作服、学生制服、军服、警服等。图1-14为日式学生制服。

图1-13 具有现代流行元素的时装

图1-14 日式学生制服

第六节　女装构成的造型要素

女装设计是一门技术，也是一门艺术，其整体美的形成和产生，集中体现了多种造型要素的合理运用及形式美的基本规律和法则。点、线、面、体作为最基本的造型手段，通过形式美法则的运用，使服装更加美轮美奂。

一、点

（一）点的定义

点，是造型设计中最小的元素，是具有一定空间位置的、有一定大小形状的视觉单位，同样也是构成服装形态的基本要素。在服装造型中，集中的小面积都可看成点。点在服装中的主要表现为纽扣、胸花、口袋、首饰、点子图案、小装饰对象等较小的形状。

　　服装设计中的点不是几何学概念中的点，而是人们视觉感受中相对小的形态。点是相对的，是相比较而存在的，具有不固定性，可以是圆形的，也可以是正方形的，因为点之所以谓之点是由于它的大小而不是它的形状。

　　从女装设计的角度可以这样理解：在女装款式构成中，凡是在视觉中可以感受到的小面积的形态就是点。由于点突出、醒目、有标志位置的作用，因而极易吸引人们的注意。点在女装设计中如果运用得恰如其分，可以达到"画龙点睛"的视觉效果；如果运用不当，则会产生杂乱之感。

（二）点的性质和作用

　　点具有活泼、突出、诱导视线的特性。点在空间中起到表明位置的作用。图 1-15 为点的数目、位置与大小。

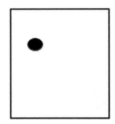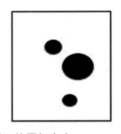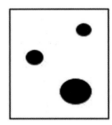

图 1-15　点的数目、位置与大小

　　点处于空间的中心位置时，会产生扩张、集中、紧张感；处于空间的一侧时有不安定感、游动感。多个点在空间中等距排列时，能产生上下、左右、前后均衡的静感；向某一位置聚集时，具有方向性的运动感。一定数目、大小不同的点做有序的排列，可产生节奏感和韵律感。一定数目的点做直线排列，有秩序感。较多数目、大小不等的点做渐变的排列，会产生立体感和视错感。

（三）点元素在女装设计中的运用

　　点在服装造型设计中是最小、最简单同时也是最活跃的元素。点的灵活运用可以使服装设计更吸引人们的视线，能提高服装的艺术性和视觉美。

　　点的感觉还有错视现象。点由于所处位置和周围环境的影响，就会产生大小、明暗等视觉变化。这种变化常常影响人的视觉观感，产生错觉，有时甚至成为影响服装设计效果的重要因素。倘若我们有意识地利用这种现象，适当地改变点的大小、位置、形状或色彩的某些特征，就会收到出其不意的效果，使着装效果大放光彩。图 1-16 为点在女装设计中的运用。

图 1-16　点在女装设计中的运用

二、线

（一）线的定义

点的移动轨迹称为线，线在空间中起着连贯的作用，线分为直线和曲线两大类。

（二）线的性质和作用

女装设计中的线具有长度、厚度以及方向上的变化，还有不同的形态、色彩和质感，是立体的线，如各种形式的腰带。不同特征的线给人们以不同的感受，线条本身是没有感情色彩和性格特点的，但加入了人的情感和联想，线便产生了性格和情感倾向。不同形式的线条设计在女装中带给人的感受也是不同的。

垂直线：修长、单纯、稳重、坚硬和男性化的倾向。

水平线：稳重、平和、舒展、安静。

斜线：动感、刺激、活泼、轻松、飘逸、灵动。

折线：理性、富于表现力。

自由曲线：活跃、奔放、丰富、女性化。

粗线：粗犷、重量、迟钝、笨拙。

细线：流畅、纤细、敏锐、柔弱。

（三）线在女装设计中的运用

女装上的线是服装造型设计中最丰富、最生动、最具形象美的艺术组成部分，运用线的分割，并结合材质、色彩、大小、空间和造型的变化，可产生更为丰富的造型。线的组合还可产生服装的节奏感。平行重复的直线，改变其形状为曲线，就会产生空间感；改变长度做渐变处理，就会产生深度感；将线做疏密安排，可产生明暗的层次感；将线做不同的粗细处理，便会产生方向与运动感。服装形态美的构成无处不显露出线的创造力和感染力。图1-17为线在女装设计中的运用。

图 1-17　线在女装设计中的运用

三、面

（一）面的定义

线的移动轨迹构成了面。面在造型设计中具有一种比点大、比线宽的形体概念。

（二）面的性质和作用

面具有二维空间的性质。面因表面形态不同分为平面与曲面。面的边缘线则决定面的形状，如方形、圆形、三角形、多边形等几何形以及不规则的自由形等，不同形态的面具有不同的特性。

方形有正方形与长方形两类，由水平线和垂直线组合而成，具有稳定感和严肃感。

圆形由一条封闭的曲线形成，圆形富于变化，有运动、轻快、丰满、圆润的感觉。

三角形由水平线和斜线组成。正三角形稳定而尖锐，倒三角形则有不安定感。

自由形可由任意的线组成，形式变化不受限制，具有明快、活泼、随意的感觉。

（三）面在女装设计中的运用

在进行女装设计时，设计师常将服装的造型用大的面来进行组合，然后在大面中设计出小的块面变化，运用设计的比例关系最后设计出完整的服装，其中包含服装外轮廓和服装部件之间的比例关系的协调。服装上的面主要表现为服装的零部件，如口袋、领子等通过形状、色彩、材质以及比例的变化形成不同的视觉效果。大面积使用装饰图案，往往会成为服装的特色，形成视觉的焦点。服饰品上的面主要有围巾、包袋、披肩等，夸张的帽子也有面的感觉。图 1-18 为面在女装设计中的运用。

四、体

（一）体的定义

面的排列堆积就形成了体。几何学中的体是面的移动轨迹，将面转折围合即成为体。体有占据空间的作用。服装造型中从不同角度观察体，会呈现出不同视觉形态的面，而服装也正是将服装材料包裹人体后所形成的一种立体造型，即以体的方式来呈现。

（二）体在女装设计中的运用

女装设计是对女性人体的包装，所以在设计中设计师要始终贯穿体的概念。我们知道，人体有正面、侧

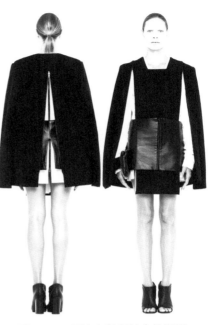

图 1-18　面在女装设计中的运用

面、背面等不同的体面，还有因动作而产生的变化丰富的各种体态。因此，服装设计时要注意到不同角度的体面形态特征，使服装不仅能从内部结构设计上符合人体工学的需要，还必须使服装能从整体效果上、从各个不同的体面上表现出不同的设计风格和设计思想。创造美的服装形态需要依靠设计者的综合艺术修养和对立体形象的感悟能力。所以，树立完整的立体形态概念，培养对形体的感知和艺术的感悟力是服装设计师的专业要求。图 1-19 为体在女装设计中的运用。

图 1-19　体在女装设计中的运用

第二章
女装设计的原则与方法

女装美重在整体美，从设计、制作到最后着装者的感受共同反映出对女装整体效果的理解，由此产生女装整体美的意识。这不仅是服装设计师必备的专业素质，也是服装穿着者不可缺少的审美品位。女装设计所具有的实用功能与审美功能要求设计师首先要明确设计的目的，遵循女装设计的原则和方法，根据穿着的对象、环境、场合、时间等基本条件去进行创造性的设想，寻求人、环境、服装的高度和谐，从而反映出一定的造型特征和整体风格。

第一节　女装设计的原则

设计的原意是指"针对一个特定的目标，在计划的过程中求得一种问题的解决和策略，进而满足人们的某种需求"。在进行服装设计时，应该遵守一定的原则，才能使设计更符合审美需求。在长期实践中，人们逐渐对女装设计的形式规律进行概括与归纳，产生了在当代设计中应遵循的设计原则，如统一、强调、平衡等的形式美原则、TPWO原则和三要素原则等，成为女装设计具有美感的关键。

一、女装设计的形式美原则

（一）统一原则

统一也称为一致，与调和的意义相似。设计服装时，往往以调和为手段，达到统一的目的。良好的设计中，服装上的部分与部分间，以及部分与整体间各要素——质料、色彩、线条等的安排应有一致性。如果这些要素的变化太多，则破坏了一致的效果。统一与协调是构成形式美的主要法则之一，它不仅是服装设计最基本的法则，也是整个设计艺术中的通用法则。

统一是指形状、色彩、材料的相同或相似要素汇集成一个有秩序感和整体感的整体，是对服装的概括和总结，诸如整体结构的统一、局部结构的统一。服装的统一性主要表现在六个方面：服装整体与局部式样的统一；服装装饰工艺的统一；服装配件的统一；服装色彩的统一；服装三要素（色彩、款式、面料）的和谐统一。形成统一最常用的方法就是重复，如重复使用相同的色彩、线条等，就可以形成统一的特色。图2-1所示为春夏裸色调系服装，整体设计较为舒适干练，面料上采用丝绒与丝绸的混搭拼接，流畅的剪裁突出服装的整体风格，符合女装设计的统一原则。

（二）强调原则

强调也可称为加重或重点设计。虽然在女装设计中要注意统一的原则，但是一味追求统一，往往使设计趋于平淡。在一件女装的设计中需要有一些设计重点，以形成设计上的趣味中心。这种重点的设计，可以利用色彩的对照（如黑色洋装系上红色腰带）、质料的搭配（如毛呢大衣配以毛皮领子）、线条的安排（如洋装上自领口至底边的开口）、剪裁的特色（如肩覆水及公主线的设计）以及饰物的使用（如佩戴金色项链搭配黑色丝绒旗袍）等达成。强调是设计师有意识地使用某种设计手法来加强某部位的视觉效果或风格（整体或局部的）效果。烘托主体，能使视线一开始就有主次感，有助于展现人体最美丽的部位。对服装的强调，也是根据服装整体构思进行的艺术性安排。服装重点强调的部位有领、肩、胸、腰等部位。强调的手法有三种，即风格的强调、功能性的强调和人体补正强调。图2-2是在服装上半身用结构和装饰来强调视觉效果。

图 2-1 丝绒与丝绸混搭拼接的春夏裸色调系服装

图 2-2 在服装上半身用结构和装饰来强调视觉效果

（三）平衡原则

当设计具有稳定、静止的感觉时，即是符合平衡的形式美原则。平衡可分为对称的平衡及非对称的平衡两种。前者是以人体中心为想象线，左右两部分完全相同，这种款式的服装有端正、庄严的感觉，但是较为呆板。后者是感觉上的平衡，也就是衣服左右部分设计虽不一样，但有平稳的感觉，常以斜线设计（如旗袍之前襟）达成目的。在服装平面轮廓中，要使整体的轻重感达到平衡效果，就必须按照力矩平衡原理设定一个平衡支点。由于人体是对称的，这个平衡支点大多选在人体中轴线上。纽扣常常作为平衡的支点，选好纽扣的位置能起到画龙点睛的作用，所以我们在遵循平衡原则时不可忽视纽扣的作用。此外，亦需注意服装上身与下身的平衡，勿使其有过分的上重下轻或下重上轻的感觉。图2-3、图2-4分别为左右对称平衡和非对称平衡的服装。

图 2-3　左右对称平衡的服装

图 2-4　非对称平衡的服装

（四）比例原则

　　比例原则是指服装各部分间大小、分量的关系分配应适当，例如口袋与衣身大小的关系、衣领的宽窄等。比例原则是协调服装的整体与局部或局部与局部之间各要素的面积、长度、分量等所产生的质与量的差别以及所产生的平衡与协调的关系的依据。具体表现有色彩在设计中的比例、材料在设计中的比例以及各配饰在设计中的比例。一般情况下，差异小则易协调，但是差异小也易引起视觉疲劳。如果各部分间大小、分量的差异超过了人们审美心理所能理解或承受的范围，则会感觉比例失调。黄金分割的比例，多适用于衣服上的设计。女装设计中要特别注意比例，掌握比例后可以根据人体情况的不同，通过服装去调整视觉上的感受从而达到和谐美。如上半身比较长的人适合穿着高腰裤或者是高腰裙，来拉伸下半身的比例。此外，对于饰物、附件等的大小比例亦需重视。图 2-5 为比例原则在女装设计中的运用。

（五）韵律原则

　　韵律指女装上的图案、色彩或结构有规律地反复而产生律动感。在女装设计上运用的韵律概念主要是指服装各种线形、图案纹样、拼块、色彩等有规律、有组织的节奏变化。其形式主要有两种，一种是形状韵律，另一种是色彩韵律。如色彩或形状的渐变形成的韵律，线条、色彩等规则性重复的反复的韵律，以及衣物上的飘带等飘垂的韵律，都是设计上常用的手法。图 2-6 为服装线条的韵律感。

图 2-5　比例原则在女装设计中的运用

图 2-6　服装线条的韵律感

二、女装设计中的TPWO原则

作为一名服装设计师，除了应掌握以上所说的形式美原则外，同时还要了解服装设计中的
TPWO原则。服装所具有的实用功能与审美功能要求设计师首先要明确设计的目的，要根据穿
着的时间（time）、地点（place）、着装者（who）、目的（object）等基本条件去进行创造性
的设想，寻求人、环境、服装的高度和谐，这就是TPWO原则。

（一）时间

服装的款式、面料的选择、色彩的运用、装饰手法甚至艺术气氛的塑造都要受到时间的影响
和限制。比如同样都是礼服，由于穿着时间不同，其设计的重点就应有所不同：白天的礼服，在
款式上可较晚礼服简单一些；冬天的礼服和夏天的礼服，在设计上也会有很大的不同，不管是色
彩、款式还是材质的选择都应与季节相吻合。图 2-7 所示为适合夏日穿着的服饰。

（二）地点

人经常处于不同的环境和场合，均需要有相应的服装来适合不同的环境。试想一个人在高
级、隆重的宴会上穿着一身休闲、帅气的牛仔服装，那将是何等的不协调。再试想在运动场上一

个人穿着一套高级西服在打球，又会是何等的滑稽。所以服装设计师一定要考虑到不同场所中人们着装的需求与爱好，以及一定场合中礼仪和习俗的要求。服装与环境完美结合，人才会更具有魅力。图 2-8 所示为在特殊场合穿着的服装。

图 2-7　适合夏日穿着的服饰　　　　　　　　　图 2-8　在特殊场合穿着的服装

（三）着装者

在进行服装设计前，我们要对人的各种因素进行分析、归类，才能使设计具有针对性。服装设计师应充分考虑穿着者的体型、性别、年龄、肤色、性格、职业、受教育的程度等方面，充分了解着装主体，进行有针对性的设计，这样设计出来的服装才能被消费者所接受。

（四）目的

而不同的穿着目的也应在女装设计过程中有所体现。与客户会谈、参加正式会议等，衣着应庄重考究；出席正式宴会时，则应穿中式礼裙或西式晚礼服；而在朋友聚会、郊游等场合，着装可以轻便舒适。

三、女装设计的三要素

众所周知，服装设计的三要素是色彩、款式、面料。色彩与款式、面料的不同组合，能产生千变万化的服装风格。

（一）色彩

在形成服装美的过程中，最能创造艺术氛围、影响人们心理感受的因素是服装的色彩。色彩是服饰中最响亮的视觉语言，常以各种不同的组合形式影响着人们的视觉、审美。

首先，服装设计师应了解一些常用色彩的性格。服装色彩的视觉心理感受与人们的情绪及对色彩的认识紧密相关，同时与观察者所处的社会环境与社会心理及主体的个性心理特征有关。因此，观察者心理品质不同，对服装色彩的情感反应也就不同，即使是同样的服色，也可能得出不同的心理反应。我们应从大多数人的共识中来分析、探讨服色情感效应及其发展规律。主要应了解一些色彩的固有感情，如色彩的冷暖、兴奋与沉静、活泼与庄重等，还应了解一些常见色相的性格特征，如无彩色系中的黑、白、灰的性格特征，与其他色的搭配效果；有彩色系中，赤、橙、黄、绿、青、蓝、紫的性格特征，以及与其他色的搭配效果等。

其次，服装设计师还应掌握色彩的三要素及其配色方法。一切色彩都具有三大属性——色相、明度、纯度，在色彩学上也称为色彩的三要素。熟悉和掌握色彩的三要素，对于认识色彩和表现色彩极为重要。三要素的任何一要素改变都将影响原来色彩的面貌。在这里，我们主要是要掌握利用三要素具体的配色方法及达到的视觉效果，如利用色相配色的方法有邻近色配色、类似色配色、对比色配色、补色配色；利用明度配色的方法有高明度配色、中明度配色、低明度配色；利用纯度配色的方法有高纯度配色、中纯度配色、低纯度配色，在此基础上又可分为纯度差小的配色、纯度差中的配色和纯度差大的配色。利用色彩的三要素进行配色，我们不仅要了解其配色的方法、效果，更要了解如何正确调整色彩三要素在服装中应用的比例问题，以避免色彩搭配出现不和谐的情况。

同时，服装设计师还应了解服装色彩的心理因素。消费心理学知识是服装设计的部分学习内容。色彩的心理作用是服装与消费者心灵沟通的桥梁，是穿着者内心意识的重要表现。服装设计师应有的放矢地面对消费者来考虑服装色彩，设计出符合消费者心理的服装色彩。图2-9为陈列时考虑系列色彩的搭配。

图2-9　陈列时考虑系列色彩的搭配

（二）款式

款式是指服装的外形。服装的外形最具有时代的特性，设计师可以从外轮廓、结构线两方面进行款式的设计。

1. 把握外轮廓的形态

服装作为直观形象，首先呈现在人们视野中的是剪影式的轮廓——外形线。它不仅表现了服装的造型风格，也是表达人体美的重要手段。因此，外形线在服装款式设计中居于首要地位，它不仅是单纯的造型手段，而且也是时代风貌的一种体现。决定外形线变化的主要部分是肩、腰、底边线、围度。同时还应注意外形线的比例变化。比例的运用随着时代的流行与审美的变化而变化，除了审美、流行、时尚外，还取决于面料的发展，面料的垂性、弹性、硬挺性都是决定设计的因素之一。服装的比例还需顾及穿着者的身材、高矮胖瘦等。图2-10所示为廓形简洁的女装。

2. 掌握结构线的设计

结构线是指出现在服装各个拼接部位、构成服装肢体形态的线，主要包括省道线、开刀线、皱褶线等。服装的结构线是依据人体及人体运动而确定的，因此首先应具有舒适、合身、便于行动的性能；在此基础上，还应使服装具有装饰美感与和谐统一的风格。

（三）面料

服装色彩、款式、面料缺一不可，试想设计好服装色彩、款式，最终却没有相应的材质来表现它，那最终的效果可能和最初的设计构思有较大差别。所以，服装材料是服装的基础，人们可通过服装材料来传达服装语言。

女装面料根据原料来源、织造方法等不同的分类标准，有不同的分类。服装设计要取得良好的效果，必须充分施展面料的性能和特点，使面料特点与服装造型、

图 2-10　廓形简洁的女装

风格互补统一，相得益彰。因此，懂得不同面料的外观和性能的基础知识，如肌理织纹、图案、塑形性、悬垂性以及保暖性等，是女装设计的基础前提。

随着科技的进步和加工工艺的发展，现在可以用于制作服装的材料日新月异，不同的材料在造型风格上各具特点。下面简要介绍一下不同面料的造型特点以及在服装设计中的运用。

1. 柔软型面料

柔软型面料一般较为轻薄，悬垂感好，造型线条光滑，制成的服装轮廓自然舒展。柔软型面料主要包含织物结构疏散的针织面料和丝绸面料以及软薄的麻纱面料等。

柔软的针织面料在服装设计中常采用直线型简洁造型体现人体精巧曲线；丝绸、麻纱等面料则多形成松散型和有褶裥效果的造型，表现面料线条的流动感。图 2-11 为柔软型面料在女装中的运用。

2. 挺括型面料

挺括型面料线条清楚，有体量感，能形成饱满的服装轮廓。常见的有棉布、涤棉布、灯芯绒、亚麻布以及各种中厚型毛料和化纤织物等。该类面料可用于强调服装的造型设计，例如西服、套装等设计。图 2-12 为挺括型面料在女装中的运用。

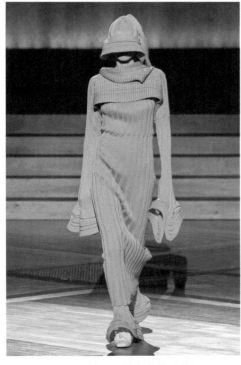

图 2-11 柔软型面料在女装中的运用

图 2-12 挺括型面料在女装中的运用

3. 光泽型面料

光泽型面料表面光滑并能反射出亮光，有熠熠生辉之感。这类面料包含缎纹结构的织物，最常用于晚礼服或舞台表演服中，产生一种华丽耀眼的强烈视觉效果。光泽型面料在礼服等表演中造型自由度很广，可进行简洁的设计或采用较为夸张的造型方法。图 2-13 为光泽型面料在女装中的运用。

4. 厚重型面料

厚重型面料厚实挺括，能产生稳固的造型效果，包含各类厚型呢绒和绗缝织物。其面料具有形体扩大感，不宜过多采用褶裥和堆积，设计中以 A 型和 H 型造型最为适当。图 2-14 为厚重型面料在女装中的运用。

图 2-13　光泽型面料在女装中的运用　　　　图 2-14　厚重型面料在女装中的运用

5. 透明面料

透明面料质地轻薄而通透，具有优雅而神秘的艺术效果，包含棉、丝、化纤织物等，例如乔其纱、缎条绢、化纤蕾丝等。为了表达面料的透明度，常用线条自然饱满、富于变化的 H 型和 A 型设计造型。

设计师除了要正确把握面料性能，使面料性能在服装中充分施展作用以外，还应当根据女装流行趋势的变更，独创性地试用新型面料或开辟面料的应用领域，创意性地进行面料组合，使服装更具新意。

第二节　女装设计的方法

一、美学法则在女装设计中的运用

（一）对称与均衡

无论是传统造型艺术还是现代造型艺术，对称都是最基本的构成形式。在未经人类改造的"第一自然"和经过人类改造的"第二自然"中随处可见对称的形式，比如人的双手、对生的枝叶、飞禽走兽的双翼和四肢，再如"第二自然"中的车道、车轮、耳机、建筑大楼、筷子等诸要素都呈现出对称的美，保持视觉上力的平衡关系。对称在视觉上给予人的心理感觉是秩序、安定、和谐、机械、协调、整齐的朴素美感，符合人的基本视觉习惯和传统的审美心理。在服装设计中，特别是在传统服饰中，对称的应用非常广泛。传统服饰中，无论剪裁还是色彩方面都比较有序，在规则形状中，点、线、面的有序排列以及几何形的对称剪裁给人坚定、严谨、稳固、沉默、冷静的感觉。一般在严肃的传统活动中，这样的服饰剪裁比比皆是。因为中心对称、形式均衡，往往被认为是正直、庄重、权威、坚定的象征。均衡是用不完全对称的剪裁和色块分布、饰品点缀进行适当的搭配，形成视觉上以中轴线为基础的上下或左右的力的平衡关系，在静中求动，严谨中求变化。图2-15体现的是女装的对称与均衡。

图2-15　女装的对称与均衡

（二）对比与统一

对比与统一反映了矛盾的两种状态。

1. 对比

对比是对差异性的强调，是利用多种因素的互比来达到美的体验。在现代女装设计中，设计师往往运用面料对比、款式对比、色彩对比等设计手法使得服装产生个性化的效果。

（1）面料的对比。由于服装面料的肌理可以产生不同的层次感，因此通过面料的对比可以给同样款式的剪裁带来不同的视觉冲击和心理感受。如针织的细腻与牛仔的粗犷对比，丝绸的柔滑与皮革的硬朗对比，在矛盾中产生新奇的艺术造型。

（2）款式的对比。服装剪裁的大小、长短、曲直对比、紧与松的对比等都构成了服装新颖别致的造型。另外，还可以根据服装的不同类型进行分类对比，如淑女装、运动装、职业装等类型划分；同款式不同型号的对比，如亲子装的设计。不同的裁剪形成鲜明的对比效果，达到服装造型的多样化，在统一固化中寻求独特的设计风格。

（3）色彩的对比。色彩的冷暖、面积大小以及空间位置的对比都使服装带给人不同的视觉感受。

2. 统一

统一是对近似性的强调，是综合了对称、比例等美的要素，从变化中求统一，达到一种和谐的状态，能满足人们心里潜在的对秩序的追求。整体与局部的对比处理，即在统一的气氛中应用对比来活跃整体风格，在对比中寻统一，统一中求变化，达到一种平衡与和谐，营造出良好的设计效果。图 2-16 是女装的对比与统一。

图 2-16　女装的对比与统一

（三）节奏与韵律

好的艺术形式离不开节奏与韵律的充分使用。当形、线、面、色块有条理地反复出现，形成具有变化的排列组合，就可以获得愉悦的节奏感。韵律是节奏的变化形式。因形式有规律地变化，而产生高低起伏、进退间隔的律动关系，富有变化的动态美。设计师可以通过服装褶皱的起伏、纽扣的排列、饰品的搭配、色彩的排列来产生节奏的变化，给人们带来丰富的空间变化感觉。比如直线裁剪产生的拉升修饰效果，暖色面料通常比冷色面料感觉距离更近，纯度高的面料通常要比纯度低的面料给人感觉近一些。面料的厚薄、密度大小的不同，也能产生不同的纵深感觉。这些因素都影响服装效果的表达。如何使设计的服装从背景中、从众多人群中脱颖而出，需要通过不同的设计手法，体现出服装美的节奏与韵律。图 2-17 中的服装展示了女装图案的节奏与韵律。

（四）比例与尺度

恰当的比例有一种协调的美感，成为形式美原理的重要内容。众所周知，提到比例，就一定会涉及黄金比例，黄金比例约为 0.618：1，这个数值的作用不仅仅体现在诸如绘画、雕塑、音乐、建筑等艺术领域，而且在管理和工程设计等方面也有着不可忽视的作用。服装设计中的比例包括长度、面积等之间的比例，体现了整体与局部、局部与局部的关系。服装不仅是艺术品，还是商品，它以人体为表现载体，因此设计过程中必须遵循人体的基本比例。在实用性的基础之上，设计师可以利用放大、缩小比例与尺度等夸张的手法，来突出和强调服装的特殊造型。这里的比例除了剪裁的比例外，还包括色彩的搭配比例。色块与色块的大小比例，在服装的设计中也起着非常重要的调和作用。大面积的色块决定服装的整体风格，局部色块的点缀丰富服装的设计细节。良好的比例尺度不仅使服装实用、耐穿，还能带给人们美的视觉享受。图 2-18 为女装中的比例与尺度。

图 2-17 女装图案的节奏与韵律

图 2-18 女装中的比例与尺度

（五）条理与反复

条理是对造型元素进行有规律的组织和安排，使服装风格单纯化、简洁化。它是将相同的造型元素或者单位纹样以某种形式规律往返重复排列，形成整齐、富有节奏的美感。服装的图案纹样经常采用这样的设计形式，如图2-19所示。

（六）服装整体美原则

随着观念的转变，以往各个单独的服装装饰设计逐渐被整体设计所代替。现代人的着装更讲究服装饰品的整体配套美感。因此，在设计过程中还要兼顾饰品的搭配组合问题。饰品主要有帽子、手套、围巾、包、发饰、项链、耳饰、首饰、纽扣、领带、鞋、腰带等。

饰品除了本身具备的重要功效以外，还应与服装风格相和谐，它们在配套中起到了烘托、衬托、画龙点睛等作用。饰品的作用主要表现在以下两方面。

1. 强调

通过选择合适的饰品，可以强化服装的艺术风格。例如，如意盘扣在现代服装中的利用，可强化服装的中国风情；冷光金属饰物强化服装的现代科技感等。

2. 完善

当女装的造型或色彩在视觉效果上不完美时，往往可通过饰品来加以纠正和完善。在色彩上可表现为服装色彩基调过于沉闷时，采用较为亮丽的饰品加以丰富。在造型设计中，当服装重心产生偏移时，可用饰品加以平衡，达到静中有动的艺术美感。图2-20为配饰齐全并统一的女装设计。

图2-19　女装图案的反复运用

图2-20　配饰齐全并统一的女装设计

二、女装设计的流程

（一）女装设计构思

女装设计有别于纯艺术性的绘画或文学创作，设计的前提是明确衣着对象、衣着时间、衣着场合、衣着目的。当设计的范围明确后，便可开始构思。构思的方法因人而异，无一定模式。

（二）设计的方针与指导思想

服装的主体是人，在设计前首先要明确为什么人设计。这一方针与指导思想要始终准确把握。

1. 设计的方针

设计的方针即设计的目标与对象。不同年龄、文化、地区、习俗的人们对服装有各自的要求。设计方针应因人而定，这是基于对具体衣着对象的一种了解和把握。

2. 设计的指导思想

服装设计的指导思想是指设计师根据人们的穿戴需求而进行的一种创意性的构思活动，从某种意义上讲，服装与人体巧妙组合所体现的美符合大众要求、符合人的生活方式，是具有艺术与实用价值的人体状态美的分析与探究。

（三）女装设计表达

在女装设计中，设计表达多由款式图与效果图共同组成。效果图可以为手绘或是电脑绘制，主要突出服装的整体感觉。而款式图则需清楚表达设计细节，通过理性的方式来阐述女装设计的重点，并理清思路，使生产过程更加顺利。图 2-21～图 2-23 分别为几种女装设计款式图和效果图。

图 2-21　女式外套设计款式图

LOOK 1

图 2-22　女式套装设计款式图

图 2-23　女装设计效果图

三、设计的题材与主题

　　题材是一个总体的概念，主题是一个具体的概念，即题材包括主题，而主题则是题材的具体化，它们之间是相互联系的关系。题材是主题的基础，主题是题材的提炼、概括与升华，这是艺术构思的一般规律，服装设计也不例外。

（一）设计的题材

　　现代服装设计的题材取材十分广阔，可以从现代工业、现代绘画、宇宙探索、电子计算机等方面选材，让服装充满对未来的想象与时代气息；可以从不同民族、不同地域的民俗民风中取材，表现异域情调；可以从大自然中取材，如森林、大海、莽原、鸟兽鱼虫、花卉草木等，展现源自自然的纯粹之美，设计题材广泛多元，形式多样（图2-24）。大千世界为服装设计构思提供了无限宽广的素材，设计师应从过去、现在和未来的各个方面挖掘题材，寻求创作源泉；同时，还要根据流行趋势和人们思想意识情趣的变化，选择符合社会需求、符合当前时尚的设计题材，使作品达到一种较高的艺术境界。

主题灵感

精简率真是这一季的关键词，2018秋冬系列服装采用宽大的廓形以及抢眼的亮色，加上具有流动感的线条，使服装更富有朝气与活力。图案采用绚丽的花卉纹样，给这季秋冬带来一抹亮色。

图2-24　女装设计题材的选取

（二）设计的主题

在众多题材中取其一点，集中表现某一特征，称之为主题。主题是作品的核心，也是构成流行的主导因素。国际时装界十分注重时装设计主题的定期发布，以使各国设计师在这些主题的指导下，进行款式、色彩、面料和图案的创新探索，从而不断推出新款服装。

设计主题确定后，围绕主题即可进一步着手与之相关的一系列工作，使主题能够得以完美表达，包括提出倾向性主题，明确时装概念，确立设计要点，选择面料、图案与色彩，使用服饰配件，协调整装效果等。图2-25、图2-26分别为同一设计主题下的女装设计效果图与女装款式陈列效果图。

图 2-25　女装设计效果图

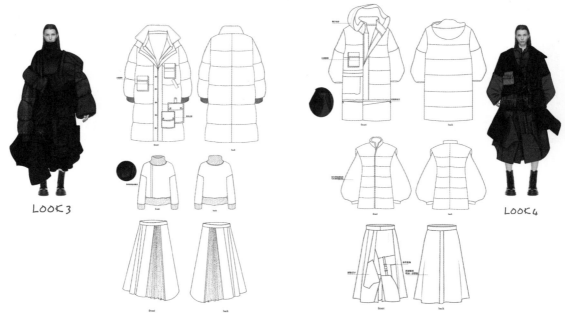

图 2-26　女装款式效果图

第三章
女装设计风格

  风格是艺术作品的创作者对艺术的独特见解和用与之相适应的独特手法所表现出来的作品的面貌特征。风格是创作者在长期的创作实践活动中逐渐形成的，创作观念的改变会带来作品风格的转换。服装设计风格是服装整体外观与精神内涵相结合的总体表现，是服装所传达的内涵和感觉。服装风格能传达出服装的总体特征，给人以视觉上的冲击和精神上的感染，这种强烈的感染力是服装的灵魂所在。

  服装设计追求的境界是创造崭新的服装风格。要达到服装造型设计的目的很容易，用不同的手法，使面料（服装面料或非服装面料）组合起来并与穿着者产生联系就可以，但服装造型的创新并不意味着服装风格就随之产生。必须在积累了丰富的设计经验，拥有扎实的专业基础，并在正确认识服装风格的前提下，才能创造出一种新的服装风格。

  在进行女装设计时有一个绕不开的话题就是女装的设计风格，本章主要从女装设计风格的概念、表现要素、常见的女装风格等方面来介绍女装设计风格。

第一节　女装设计风格的表现要素

  风格必须借助某种形式或载体才能体现出来。服装风格是以设计主题和服装造型形式中的设计要素来传达的，比如廓形、细节、色彩、面料质地、饰品等，它们是综合表现服装风格的主要因素。设计师就是利用这些要素，将其很好地融合到一件或多件服装中，从而创造服装风格的整体印象。

一、款式

（一）廓形

  女装廓形可以分为两部分来讲，即女装的外轮廓和外形线。廓形是流行变化的重要标志之一，也是系列服装造型风格中重要的视觉要素。廓形是区别和描述服装的重要特征，服装造型风格的总体印象是由服装的外轮廓决定的。比如，经典风格和优雅风格服装廓形多为X型和Y型，A型也经常使用；而在运动风格的服装中最常用的廓形是便于活动的O型、H型等。服装廓形造型的背后隐含着风格倾向。图3-1～图3-5分别为几种服装廓形。

图 3-1　O 型廓形服装

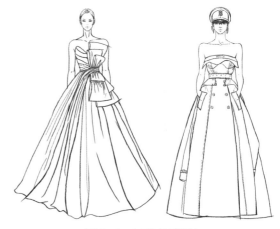

图 3-2　A 型廓形服装

图 3-3　X 型廓形服装

图 3-4　Y 型廓形服装

（二）细节

在服装风格表现中，细节设计也是非常具有表现力的一个方面。不同的风格会有不同的细节表现。比如现代风格服装中多会出现不对称结构，古典风格服装的领型多为常规领型，使用常规分割线。女装设计中所有细节设计都是强化某种风格的设计元素。图 3-6 为细节设计在服装设计中的应用。

图 3-5　H 型廓形服装

图3-6　细节设计在服装设计中的应用

二、色彩

在设计要素中，色彩最先吸引人的注意力。我们在商店或其他场合接触某一服装产品的瞬间，色彩总是最先进入我们的视线，传递出时尚的或是经典的、优雅的或是休闲的信息。在服装发布会或是服装设计比赛中，色彩组合表达出来的色调更是吸引观众和评委的视觉要素，能够吸引人们进一步仔细观看，并留下深刻印象。不同的色彩带给人们不同的感受，具有不同的风格表现力。比如，田园风格的服装以自然界中花草树木等的自然本色为主，如白色、本白色、绿色、栗色、咖啡色等；时尚风格的服装则较多使用黑、白、灰色调以及现代建筑色调等单纯明朗、具有流行特征的色调；而运动风格的服装则多选醒目的色彩，经常使用天蓝色、粉绿色、亮黄色以及白色等鲜艳色。风格化的配色设计可以非常明确地传达出服饰风格的色调意境。

三、面料

面料对于服装风格的影响也是比较明显的。不同的面料具有不同的质感、肌理以及服用性能，人的感官能够感觉到的方面表现在织物的手感、视觉感和穿着的触感等，这些不同的表现决定了面料的使用方式和设计风格，对不同风格的服装有不同的塑形性和表现力。比如，奇特新颖的特殊面料，如反光金属面料、涂层面料等多用于前卫风格的服装；轻薄透明的雪纺面料适用于淑女系服装；织锦缎、丝绸等面料适用于民族风格的服装，如在中国传统节日穿着的中式服装，同时面料上的传统纹样也更丰富面料的层次感；厚重的麻织物或绒毛面料则特别适合表现线条清晰、轮廓丰满、庄重经典的服装。图3-7～图3-10分别为薄纱面料、丝绸面料、光泽面料和皮革在女装中的运用。

图 3-7　薄纱面料在女装中的运用

图 3-8　丝绸面料在女装中的运用

图 3-9　光泽面料在女装中的运用

图 3-10　皮革面料在女装中的运用

四、饰品

廓形、色彩、面料作为最主要的设计元素可以表现服装形象的基本风格，但是作为搭配元素的饰品选择得当与否往往会增强或改变一套服饰的整体形象或一系列服装的服饰效果。不同风格的服装需要风格与之相适应的饰品来搭配。不同的饰品有其相对固定的搭配范围，如棒球帽、旅游鞋、运动鞋、太阳镜等饰品会给人运动的印象，是运动风格服装常用的饰品；贝雷帽、长靴、夸张饰品会给人个性明显的印象；而礼帽、皮鞋等饰品则经常用于古典风格服装。选择合适的饰品不仅能增强服装的风格特点，也能增添着装者本身的魅力。图3-11～图3-15为各种饰品。

图 3-11　帽饰

图 3-12　长筒靴

图 3-13　绑带平底鞋

图 3-14　包饰

图 3-15　耳饰

五、搭配

服装搭配体现的是一种着装状态，是服装穿着搭配整体的最后着装效果，有时也包括化妆方式等。服装搭配是整体服饰形象的第二次设计，也是设计师传递服饰风貌的方式之一，通常还是某一种生活方式或社会环境背景的体现。比如现在人们普遍喜欢闲适、健康的生活，这种生活方式体现在服装搭配上就是混搭、随意，可能选择随意的休闲外套配宽松的阔腿裤或牛仔裤，搭配随意的挎包、休闲包等，或者T恤与小西装、运动鞋混搭等。同样的服装，穿着或搭配的方式不同，其外观效果也不同。因此，服装的搭配方式也成为流行的内容，是服装风格的一种表现。

第二节　主流女装风格

一、经典风格女装

经典风格女装端庄大方，具有传统服装的特点，是相对比较成熟的、能被大多数女性接受的、讲究穿着品质的服装风格。经典风格女装比较保守，不太受流行左右，追求严谨而高雅，文静而含蓄，是以高度和谐为主要特征的一种服饰风格。正统的西式套装是经典风格女装的典型代表。

经典风格女装的服装廓形多为 X 型和 Y 型，A 型也经常使用。色彩以藏青、酒红、墨绿、宝蓝、紫色等沉静、高雅的古典色为主。面料多选用传统的精纺面料，花色以单色面料和传统条纹和格子面料居多。

经典风格女装的领型多为常规领型，衣身多为直身或略收腰身，比较宽松，袖型以原装袖居多，衣身上使用常见的分割线进行装饰或省道分割，门襟纽扣对称，使用暗袋或插袋，可有少量的绣花或局部印花，多以领结、领花等领饰以及礼帽、正规包袋等做配饰。图3-16 为经典风格女装。

图 3-16　经典风格女装

二、前卫风格女装

前卫风格与经典风格是两个相对立的风格派别。前卫风格受波普艺术、抽象派艺术等影响，造型富于创造力和想象力，运用超前的流行设计元素，线形变化较大，强调对比因素，局部造型夸张，零部件形状和位置较少见，追求标新立异、反叛刺激的形象，是个性较强的服装风格。它表现出一种对传统观念的叛逆和创新精神，是对经典美学标准做突破性探索而寻求新方向的设计，常用夸张、卡通的手法处理服装部件之间的关系。

前卫风格女装中会较多地出现与常规服装不同的不对称结构或装饰。如领子比普通领型造型夸张且经常左右不对称，衣片和门襟也经常采用不对称结构。结构与装饰物的部位与数量异于常规，尺寸变化较大，分割线随意、无限制；袖山夸张，经常采用隆起、层叠或镂空等设计；袖口、袖身形态夸张多变；袋型无限制，在前卫风格的女装上经常会见到多层袋、立体袋等体积较大的口袋；装饰手法十分丰富，如毛边、破洞、磨砂、补丁、挖洞、打铆钉等。图3-17 为前卫风格女装。

图 3-17　前卫风格女装

三、运动风格女装

　　这种风格借鉴运动装设计元素，是充满活力、穿着面较广的具有都市气息的服装风格，会较多运用块面分割、条状分割及拉链、商标等装饰。廓形以 H 型、O 型居多，自然宽松，便于活动。面料大多使用棉、针织等可以突出机能性的材料。色彩比较鲜明亮丽，白色以及各种不同明度的红色、黄色、蓝色等在运动风格的服装中经常出现。

　　运动风格女装的领型以圆领、V 领和普通翻领居多，廓形以直身为主，比较宽松，袖口较小或收紧。门襟一般对称并经常使用拉链，口袋以暗袋或插袋为主。在运动风格的女装中还经常见到色彩对比鲜明的嵌条的使用，商标大多在服装表面比较醒目的位置。图 3-18 为运动风格女装。

图 3-18　运动风格女装

四、休闲风格女装

休闲风格是以穿着与视觉上的轻松、随意、舒适为主，年龄层跨度较大，适应不同阶层日常穿着的服装风格。

休闲风格女装线形自然，弧线较多，零部件少，装饰运用不多而且面感强，外轮廓简单，讲究层次搭配，搭配随意多变。面料多为天然面料，如棉、麻等，经常强调面料的肌理效果或者面料经过涂层、哑光处理。色彩比较明朗单纯，具有流行特征。

此外，休闲风格女装的设计关键在于结构和工艺的多变化性。上下装经常不使用相同的面料，而是由风格一致、面料相异的单件服装配套而成。休闲风格女装的造型、色彩受流行因素影响而多变。

休闲风格女装领型多变，驳领较少，较常使用连帽型领子。廓形以宽松为主，分割线多变，袖型多变，门襟形式不拘泥于对称，细节丰富。图3-19为休闲风格女装。

图 3-19 休闲风格女装

五、都市风格女装

都市风格女装是面向现代都市女性的一种时尚女装，它整体造型简洁、干练、装饰素雅、富有情趣，色彩清淡、沉着，给人一种端庄、秀丽的知性感。都市女装注重剪裁和线条、舒适性，又追求个性和时尚性，在设计上也十分注重服装的内涵、气质和品位，强调服装的合体、档次。

都市风格女装适用于多种场合，无论是工作、商务会议、社交活动还是休闲聚会时，都能展现出女性自信的魅力。都市风格女装有时会推崇服装的品牌效应和时尚流行，并着眼于穿着者的身份、地位等因素的表现。图3-20为都市风格女装。

图 3-20 都市风格女装

六、田园风格女装

　　田园风格女装一般多指用棉、麻等天然织物，色彩以黄、白、褐、绿等自然色为主，整体造型随意、自然、松散，给人质朴、纯真、舒适、休闲感受的女装。田园风格女装崇尚自然，反对复杂烦琐的装饰，追求返璞归真、自然清新的气息，服装款式以 H 型、A 型、O 型等宽松型为主。

　　田园风格女装倡导人与自然的和谐统一，倡导回归自然、释放压力，同时也倡导环境保护等理念，与都市风格女装形成鲜明的对比，设计上注重手工制作，强调质地朴素、形态天然的饰品搭配。图 3-21 为田园风格女装。

图 3-21　田园风格女装

七、中性风格女装

　　中性风格的服装没有明显的性别区分，如普通 T 恤、运动服、夹克衫等都属于比较中性化的服装。有的中性风格的服装男女皆可穿着。中性风格女装是指弱化女性特征，部分借鉴男装设计元素的、有一定时尚度、较有品位而稳重的女装。

　　中性风格女装的廓形以直身型、筒型居多，面料选择范围广，但很少用女性色彩浓的面料，如花色面料、雪纺纱等。

　　中性风格女装的衣身较多使用直身型，分割线比较规整，多为直线或斜线，曲线使用较少。袖子以装袖、插肩袖为主，门襟多为对称，使用暗袋或插袋，可用明线装饰。图 3-22 为中性风格女装。

图 3-22 中性风格女装

八、民族风格女装

现当代民族风格是在汲取中西方民族服装的款式、色彩、图案、材质、装饰等基础上进行适当的调整，吸取时代的精神、理念和审美，借用新材料和流行色等，以加强服装的时代感和流行性，如波西米亚风、吉卜赛风等。它以民族、民俗服饰为蓝本，或以地域文化作为灵感来源，较注重服装穿着方法和长短内外的层次变化。

民族风格女装的设计可以从两方面入手：一是以民族服装的款式、民族图案为蓝本，将其借鉴运用到现代服装上；二是以民俗、民风作为设计灵感。民族风格女装的具体形态大多以灵感源而定，如从东方民族汲取灵感，则服装古朴而含蓄；如从美国西部汲取灵感，则服装倾向粗犷奔放。图3-23为民族风格女装。

九、混搭风格女装

混搭风格是将不同风格、不同材质、不同等级的服装元素按照个人喜好拼凑在一起，从而混合搭配出完全个性化的风格。混搭的特点是突破原定条框，在有序的大前提下多种元素共存，以一个基调为主线，其他风格作点缀，有轻重主次。在混搭风格女装中，最常见的有皮草混搭薄纱、晚装混搭牛仔、男装混搭女装、朋克铆钉混搭洛丽塔元素等。混搭特别要注意的是搭配的层次感和节奏感。

图 3-23　民族风格女装

　　混搭风格女装的服装细节也具有多样性。服装整体偏向休闲，其细节设计比较自由，比如领型多变，可以用正装领型，也可以搭配连帽领。衣身宽松或直身，分割线的形式多变，没有限制，可以用多种装饰细节来设计服装，如尼龙搭扣、商标、罗纹、抽绳等，还经常运用缉明线装饰。图 3-24 为混搭风格女装。

图 3-24　混搭风格女装

第三节　其他风格女装

一、嬉皮风格女装

　　嬉皮士给人的印象常常是顶着一头杂乱无章的乱发，男士一般蓄须，留长发，胸口挂满了五彩珠子组合而成的珠串，一条破牛仔裤，一件旧外套，乍看起来像个拾荒者，然而这就是嬉皮士的风格。如果细分到衣着上的特点，则是以旧衣为主，印第安及东方的图腾印花、发带、天然物料都是这种风格的重点。

　　虽然在现当代流行时尚中，我们比较少见到所谓的纯嬉皮的风格穿着，但是在融合发展的今天，嬉皮风格早已在保留自身特点的情况下得到了更符合现代审美的发展。在现在的各大品牌秀场都能够看到 20 世纪的嬉皮风格与现代元素的混合创新，也逐渐形成如今潮流的新嬉皮风格。图 3-25 为嬉皮风格女装。

图 3-25　嬉皮风格女装

二、朋克风格女装

　　朋克风格服装多数选用皮革，而且倾向于女穿男装，佩戴金属类的饰品等。穿朋克风格服装的人，往往思想追求与众不同，很有创造力，个性反叛，抗议一切不满的事情。朋克风格服装还多在基础色（黑、白、红）上加以修饰，腰带和衣服上都要打方钉，还有的打锥形钉。因为金属感很强，和重金属摇滚"快、猛"的音乐风格"不谋而合"，成为 20 世纪 70 年代早期摇滚乐队的服饰风格。

　　朋克风格服装的设计就其内涵而言是对经典和传统的不安分和越界，只不过 20 世纪 70 年代的朋克风格比较明目张胆，而新朋克风格有些遮遮掩掩或者隐藏于心。它们经常选取让人瞠目结舌的夸张元素，并用独特怪异的方法进行素材处理和设计表现，把一些看似不可能的东西组合在一起变成可能，循规蹈矩地完全遵守教科书中的基本设计法则，那就不是朋克风格。图 3-26 为朋克风格女装。

图 3-26　朋克风格女装

三、极简风格女装

极简风格始于20世纪60年代，到了90年代，成为当时的主要流行风格之一，其推崇简单、实用的特征与当时美国大多数人所追求的风格契合。极简风格在美国时装中的表现格外突出，简单、舒适、没有过多装饰的风格特点对国际服装流行产生巨大的影响。极简风格抛弃装饰，在外形、内涵、色调和材料各个方面都做到简约。极简风格女装线条利落简洁，造型简单，富含设计或哲学审美，但不夸张；其材质更多样化，也强调服装的功能性。图3-27为极简风格女装。

图3-27　极简风格女装

四、哥特式风格女装

哥特式原本是指源自11世纪下半叶的一种建筑风格，很快这种风格便影响到整个欧洲，而且反映在绘画、雕刻、装饰艺术上，形成一种被誉为国际哥特风格的艺术形态。哥特式风格主要的特征是建筑上的"锐角"，同时也深深地影响了当时的服饰审美及服饰创造。例如，在服饰的整体轮廓上、衣服的袖子上、鞋子的造型上、帽子的款式上等，都充分呈现出锐角三角形的形态。

哥特式风格服装既充满浪漫情怀，同时又保留神秘、诡异，多用丝绒面料来烘托繁复、华丽的复古印花，体现哥特风格的厚重与肃穆之感。在不久的将来，这种风格的女装也许会受到越来越多追求个性的年轻人的追捧。图3-28为哥特式风格的女装。

五、巴洛克风格女装

"巴洛克"一词起源于葡萄牙语，原指一种变形的或有瑕疵的珍珠，却在17世纪的欧洲被赋予了另外的含义。巴洛克艺术注重情感的表现，装饰豪华且夸张，气势恢弘，在服装上表现出强烈的浪漫主义特征。宽肩、细腰、丰臀是巴洛克风格女装极具代表性的特征，在现代，巴洛克风格女装虽没有 17 世纪那般夸张，但仍追求臀、腰、肩三者之间的比例关系。图 3-29 为巴洛克风格女装。

除巴洛克风格女装具有鲜明特征外，巴洛克风格的纹样同样给人强烈的庄重感，它在女装中的运用也特别常见，构图上多以复杂多变、对称的形式出现。在一些品牌的女装高定系列中，常会用到巴洛克风格的图案作为装饰，从而营造极强的华丽、奢侈的视觉效果。

图 3-28　哥特式风格女装

图 3-29　巴洛克风格女装

六、洛可可风格女装

18 世纪，洛可可艺术最先在法国兴起，是对巴洛克风格的反驳，因细腻、装饰性强和优雅的特质，深受当时上流社会的钟爱。在女装设计中，洛可可风格女装展现出的华贵风情，影响力延续至今。

　　洛可可风格女装主要采用轻盈、柔软的面料如蕾丝、薄纱等，这些面料能让服装有轻盈、流动的效果，且服装上附有众多的装饰元素，常见的有褶皱、绣花、丝带、蝴蝶结和珠饰等，这些装饰物能较好地点缀服装。其次，洛可可风格女装强调高腰设计，这与18世纪流行的紧身胸衣有关，虽紧身胸衣被废除，但高腰修长、裙摆蓬松的整体效果仍受到大众的青睐。图3-30为洛可可风格女装。

图 3-30　洛可可风格女装

七、波普风格女装

　　波普艺术风格源自20世纪50年代初期的英国，鼎盛于50年代中期的美国。"POP"是"Popular"的缩写，意为通俗性的、流行性的，所指的正是一种"大众化的、便宜的、大量生产的、年轻的、趣味性的、商品化的、即时性的、片刻性的"形态与精神的艺术风格。这种艺术风格在服装领域中，体现为服装面料以及图案的创新，改变了过去服饰装饰图案的特点，在欧洲服装史上留下深深的印记。

　　波普风格的图案非常时髦，它代表着一种流行文化，追求大众化的、通俗的趣味，在设计中强调新奇与奇特，并大胆采用艳俗的色彩。充满乐趣的波普风格图案不仅视觉效果强烈，而且散发着现代摩登和个性趣味的风尚。图3-31中，字母的形象化、童趣感的涂鸦绘画、卡通形象以及媚俗风的图案印花丰富了波普风的艺术魅力。设计师将波普艺术中的几何形状、图案、色彩运用到服装中，来提高产品的趣味性、功能性、多样性、美观性等。

图 3-31　波普风格女装

八、学院风格女装

　　狭义上学院风格女装是指以美国"常青藤"名校中的校园着装为代表，衬衫搭配毛背心或V领毛衣的装扮，广义上学院风格女装指的是一种生活方式，内含年轻的学生气息，充满青春活力和可爱时尚。当下学院风格女装在少年或中青年中都备受欢迎，特别以百褶裙式及膝裙、小西装外套居多，搭配休闲鞋或帆布鞋，时尚圈也流传一句"让人瞬间重温美好学生时光"的说法。

　　近年来很多国外电影中也有学院风的穿搭，例如《哈利波特》中的赫敏式、《成长教育》中的珍妮式，都是非常传统的英伦学院风格的正规模式；在这之后，《绯闻女孩》的出现再次将学院风拉入人们的视野中。这些影视作品使得学院风格服装频频出现在人们的视野中，也正是如此，学院风格服装才逐渐走进流行、时尚的行列。

　　学院风格经常以拼接针织与梭织单品作为设计手法，为女装整体带来一点叛逆基调。不对称的领口、缩小的比例和怪异的袖长展现了新一代的怪诞时髦风格。学院风的格纹与条纹常采用鲜亮粉蜡色与新兴中性色，更显帅气与青春。图 3-32 为学院风格女装。

图 3-32　学院风格女装

第四章
女装色彩设计

色彩是女装设计的一个重要方面，在影响服装美感方面占有很大的比重。女装色彩设计的关键是和谐，作为服装整体的诸要素，上衣与下装、内衣与外套、整装与服饰配件、服装材料与款式、服装造型与人体、着装与环境等，它们之间除了形和材的配套协调外，色彩的和谐是设计师必须要考虑的，其中包括色彩的主与次、多与少、大与小、轻与重、冷与暖、浓与淡、亮与暗等。色彩在服装上的表现效果不是绝对的，不同的色彩搭配会产生不同的服装风格，从而产生不同的视觉效果。

面料是服装色彩的载体，从事女装设计时熟悉面料的色彩和质感是设计师必备的基本素质之一。女装色彩的整体设计还与服装的造型、款式、配饰，以及消费者的性别、年龄、性格、肤色、体型、职业、大环境和小环境等有关。服装还有商品特性，有关消费心理学、市场学和流行色的研究也是不容忽视的。

第一节　色彩的基本知识

色彩学是研究色彩产生、接受及其应用规律的科学。物理学家把色彩视为光学来研究，化学家研究颜料的配制原理，心理学家研究色彩对人类生活的影响，画家用色彩来表达思想情感，服装设计师则研究如何融汇以上各家所研究的内容，进行色彩分析与组合，应用在人体服装上，设计出美的综合效果。

一、色彩的认知

色彩学是一门横跨自然和人文社会两大科学领域的综合性学科，是以科学的角度审视和理解色彩的课题和学问。色彩现象本身是一种物理光学现象，由人们的生理和心理的感知来完成认识色彩，是通过眼、脑和人们的生活经验所产生的一种视觉效应。

二、色彩的产生

色彩的产生是光对人的视觉和大脑发生作用的结果，是一种视知觉，需要经过光—眼—神经的过程才能见到色彩。

光线进入视网膜以前的过程，属于物理作用；继此之后，在视网膜上发生化学作用而引起生理兴奋，这种兴奋的刺激经神经系统传递到大脑，引起人们对色彩的心理反应，与整体思维相对接，形成关于色彩的复杂意识。

光通过以下三种形式进入视觉系统。

（一）光源光

光源是会发光的物体。光源发出的光直接进入视觉，像太阳、灯光、蜡烛光等的光线都可以直接进入视觉。

（二）透射光

光源光穿过透明或半透明物体后再进入视觉的光线，称为透射光。透射光的亮度和颜色取决于入射光穿过被透射物体之后所达到的光透射率及波长特征。

（三）反射光

反射光是光进入眼睛最普遍的形式。在光线照射的情况下，人眼能看到的任何物体都是该物体的反射光进入人的视觉所致。

三、色彩范畴

色彩分为无色彩与有色彩两大范畴。当光线在视知觉中并未显出某种单色光的特征时，我们所看到的就是无色彩，即白色、黑色、灰色。相反，如果视觉能感受到某种单色光的特征，我们所看到的就是有色彩。

无色彩在视知觉和心理反应上与有色彩一样具有同样重要的意义。因此，无色彩属于色彩体系的一部分，与有色彩一起形成了色彩的完整体系。图 4-1、图 4-2 分别为无色彩系和有色彩系女装设计。

图 4-1　无色彩系女装设计

图4-2 有色彩系女装设计

四、三原色、间色、复色

（一）三原色

所谓三原色，就是这三种色中的任意一种色都不能由另外两种原色混合产生，而其他的色则可由这三种色按一定的比例混合出来，色彩学上称这三种独立的色为三原色（也叫三基色）。

牛顿用三棱镜将白色阳光分解，得到红、橙、黄、绿、青、蓝、紫七种色光，这七种色混合在一起又产生白光。因此，他认定这七种色光为原色。其后，物理学家大卫·伯鲁斯特（David Brewster）进一步发现原色只是红、黄、蓝三色，其他颜色都可以由这三种原色混合而得。他的这种理论被法国染料学家谢弗勒尔（M. E. Chevereul）通过各种染料混合试验所证明，从此，红、黄、蓝三原色理论被人们所公认。1802年，生理学家汤姆斯·扬（Thomas Young）根据人眼的视觉生理特征又提出了新的三原色理论。他认为色光的三原色并非红、黄、蓝，而是红、绿、紫。这种理论又被物理学家詹姆斯·克拉克·麦克斯韦（James Clerk Maxwell）所证实。他通过物理试验，将红光和绿光混合，这时出现黄光，然后掺入一定比例的紫光，结果出现了白光。从此以后，人们才开始认识到色光和颜料的原色及其混合规律是有区别的。

国际照明委员会（CIE）将色彩标准化，正式确认色光的三原色是红、绿、蓝（蓝紫色），颜料的三原色是红（品红）、黄（柠檬黄）、青（湖蓝）。色光混合变亮最后产生白光，称为加色法混合；颜料混合变深最后产生黑色，称为减色法混合。

（二）间色

间色是指由两种原色调和而成的颜色，如红＋黄＝橙，黄＋蓝＝绿，蓝＋红＝紫，橙、绿、紫称为三间色。

（三）复色

复色是指由原色与间色、间色与间色或多种间原色相配而产生的颜色。复色可以是三个原色按照各自不同的比例组合而成，也可以由原色和包含有另外两个原色的间色组合而成。复色千变万化，形成丰富的色彩体系。

五、色彩三要素

（一）色相

色相是色彩本身的相貌，如玫瑰红、橘黄、中黄、墨绿、天蓝等。从光学上讲，各种色相是由射入人眼的光线光谱成分决定的。对于单色光来说，色相的面貌完全取决于该光线的波长；对于混合色光来说，则取决于各种波长光线的相对量。物体的颜色是由光源的光谱成分和物体表面反射（或透射）的特性决定的。色环如图4-3所示。

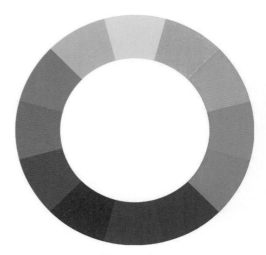

图4-3 色环

（二）明度

明度是指色彩的明暗（即浅与深）程度。各种有色物体由于反射光量的区别而产生颜色的明暗强弱。

色彩的明度有两种情况。一是同一色相有不同明度。如同一颜色在强光照射下显得明亮，弱光照射下显得较灰暗模糊；同一颜色加黑或加白掺和以后，也能产生各种不同的明暗层次。二是不同颜色有不同明度。每一种纯色都有与其相应的明度。黄色明度最高，蓝紫色明度最低，红、绿色为中间明度。

（三）纯度

纯度是指色彩的鲜浊程度，它取决于一种色光的波长单一程度。

纯度遇到以下三种情况，常常会发生变化。

（1）将白色混入各种颜色后，明度会提高，纯度会降低；白色加得越多，明度就越高，纯度就会越低，加入白色后一般能得到"明调"。

（2）将黑色混入各种颜色后，它们的明度和纯度都会下降，加入黑色后一般能得到"暗调"。

（3）将白色和黑色同时加入各种颜色，纯度会下降，明度则随白和黑所占的比例多少而变化，白多明度高，黑多明度低，加入白和黑一般能得到"含灰调"。图4-4所示为色彩的纯度变化。

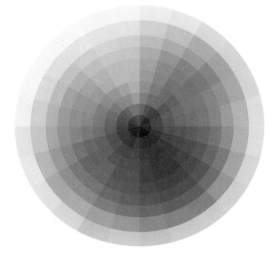

图4-4　色彩的纯度变化

六、色彩的感觉

色彩的感觉是指人看到不同色彩时所引起的心理和生理上的反应和联想。有的色彩悦目，使人愉快；有的色彩刺眼，使人烦躁；有的色彩热烈，使人兴奋；有的色彩柔和，使人安静。穿什么颜色的服装，尽管每个人都有着自己的爱好，但是就色彩的共性特征而言，还是值得我们重视的。

色彩给人们的感觉主要表现在以下几个方面。

（一）色彩的收缩感与膨胀感

一般来说，深色有收缩感，浅色有膨胀感。运用在女装上，一般来说，体胖的人适合穿着深色的服装，体瘦的人适合穿着浅色的服装。图4-5为女装色彩的收缩感与膨胀感。

（二）色彩的冷暖感

色彩的冷暖感主要是由人们对色彩的心理感受和生理反应形成的。当人们看到红、橙、黄时，就常常联想到太阳、烈火、阳光，从而产生热感；而看到蓝、紫等暗色时，则可能联想到大海、夜空等而产生冷感。所以，红、橙、黄又被称为暖色，蓝、紫等又称为冷色，黑、白、金、银、灰、绿等给人的冷暖感觉不明显，被称为中性色。

色彩的冷暖运用在服装上，暖色给人华丽富贵和温暖的感觉，适合用于冬季服装，对于体型正常、皮肤细白的人，运用暖色能取得较为满意的效果；冷色给人的感觉是沉静、文雅，所以适合用于夏季服装和高级正装等（图4-6）。

图 4-5　女装色彩的膨胀感与收缩感

图 4-6　色彩冷暖在女装设计中的运用

此外，色彩还会给人以其他的各种感觉。例如，明度低的色彩会使人产生沉着感，明度高的色彩使人产生轻巧感，中彩度的色彩能使人产生强硬感，纯正色能给人以明快和华丽的感觉。

（三）色彩的轻重感

白色的物体给人的感觉轻飘，黑色的物体给人的感觉沉重，这种感觉来自生活中的体验。比如白色的棉花是轻的，而黑色的金属是重的。色彩的轻重感主要决定于色彩的明度，高明度色彩具有一种较轻的感觉，低明度色彩给人一种重量感。色彩的轻重感与知觉度有关，凡纯度高的暖色具有轻感，纯度低的冷色具有重感。图 4-7 为色彩轻重对女装设计的影响。

图 4-7　色彩轻重对女装设计的影响

（四）色彩的强弱感

色彩的强弱决定于色彩的知觉度，凡是知觉度高的明亮鲜艳的色彩具有强感，知觉度低的灰暗的色彩具有弱感。色彩的纯度提高时色彩感变强，反之则变弱。色彩的强弱还与色彩的对比有关，当色彩对比强烈鲜明时则强，对比较微弱时则弱。有色彩系中，以波长最长的红色强度最强，波长最短的蓝紫强度最弱。图 4-8 为色彩的强弱感在女装设计中的体现。

图 4-8　色彩的强弱感在女装设计中的体现

（五）色彩的软硬感

色彩的软硬感与色彩的明度和纯度有着直接的关系。一般地，明度较高的色彩给人的感觉比较柔软，而明度较低的色彩给人的感觉比较硬朗。

色彩的软硬感与色彩的轻重、强弱感觉有关，轻则软，重则硬；弱则软，强则硬；白则软，黑则硬。

（六）色彩的明快感和忧郁感

色彩的明快感和忧郁感主要与明度和纯度有关。明度较高的鲜艳之色一般具有明快感，灰暗浑浊的颜色一般具有忧郁之感。

（七）色彩的兴奋感和沉静感

色彩的兴奋感和沉静感取决于刺激视觉的强弱。在色相方面，红色、橙色、黄色具有兴奋感，而青色、蓝色具有沉静感，绿色与紫色为中性色。一般地，就色调而言，偏暖色的色系容易使人产生兴奋感；偏冷色调的色系容易使人产生沉静感。在色彩的明度方面，明度高的色彩有兴奋感，明度低的色彩有沉静感。在纯度方面，纯度高的色彩具有兴奋感，纯度低的色彩具有沉静感。色彩的搭配使用过程中，对比强的色彩有兴奋感，对比弱的色彩有沉静感。

（八）色彩的华丽感和朴实感

色彩的华丽感和朴实感与色相关系为最大，其次是色彩的搭配效果。色彩的华丽感和朴实感与色彩的三属性都有关联。明度高、纯度也高的色彩显得鲜艳、华丽，如霓虹灯、新鲜的水果色等；纯度低、明度也低的色彩显得朴实、稳定，如古代的寺庙、褐色的衣物等。红橙色系容易产生华丽感，蓝色系列给人的感觉往往是文雅的、朴实的、沉着的。以色调来讲，大部分活泼、强烈、明亮的色调给人以华丽感；而暗色调、灰色调、土色调一般有朴素感。

（九）色彩的舒适感和疲劳感

色彩的舒适感和疲劳感实际上是色彩刺激视觉生理和心理的一种反应。一般来说，纯度过强、色相过多、明度反差过大的对比色组合很容易使人感觉先兴奋后疲劳；使用临近色组合的色彩系列一般会使人感到舒适、随和。

第二节　女装色彩的特性

眼睛是人们最信赖的接受外界信息的器官之一，而色彩是视觉上最容易吸引人的部分，会唤醒人们潜在的感受和情绪。服装给人的第一印象往往是色彩，所以在服装的三要素（色彩、款式、面料）排序中，色彩排在了首位。可见色彩对服装的影响是极大的，可以说女装色彩与配色设计在女装设计的理念中是最为关键的问题之一。每一季度的流行色在一定程度上对市场消费具有积极的导向作用，作为设计师，应在考虑女装色彩趋势的基础上，再将这些流行色与时装特定趋势相结合，以确定受女性消费者青睐的服装色彩。

女装色彩设计是指在女装设计中对色彩使用的计划、组合和应用，是根据穿着对象特征所进行的色彩的综合考虑与搭配设计，要与服装整体所要传达的视觉效果保持一致。对服装色彩的研究跨越了物理学、心理学、设计美学、社会学等多个学科。因此，女装色彩设计是一项非常复杂的工作。

一、色彩的象征意义及其在女装设计中的运用

（一）红色

红色是典型的暖色调，人们见到红色往往会联想到红日、鲜血、红旗等。当然，由于每个人的阅历不同，联想的内容有所不同，所以这里我们只是分析群体人的共性的感觉。红色象征着生命、健康、热情、活泼和希望，能使人产生热烈和兴奋的感觉。红色在汉民族的生活中还有着特别的意义——吉祥、喜庆。

红色有深红、大红、粉红、浅红、玫瑰红等，深红有稳重感，橙红和粉红比较柔和、文雅，中青年女性穿着橙红和粉红女装比较适宜。强烈的红色比较难配色，一般用黑色和白色同它相

配，能产生很好的视觉效果，与其他的颜色相配要注意色彩纯度和明度的节奏调和。图 4-9 为红色在女装设计中的运用。

图 4-9　红色在女装设计中的运用

（二）橙色

橙色色感鲜明夺目，有刺激、兴奋、欢喜和活力感。橙色比红色明度高，是一种比红色更为活跃的服装色彩。橙色常常受到女装品牌的青睐，做单色或是点缀色应用都有意想不到的效果，成为活力的象征。一般地，橙色宜与黑、白等色相配，这样往往能产生良好的视觉效果。图 4-10 是橙色在女装设计中的运用。

（三）黄色

黄色是光的象征，是快活、活泼的色彩。它给人的感觉是干净、明亮而且富丽。黄色与红色相比算是一种比较温和的颜色。纯粹的黄色，由于明度较高，比较难与其他颜色相配。用色度稍浅一些的嫩黄或柠檬黄用于学龄前儿童的服装比较适宜，显得干净、活泼可爱。青年女性往往体型优美，皮肤较白皙，用较浅的黄色面料设计服装显得文雅、端庄、有涵养；如果皮肤较黑，穿色感较沉着的土黄或有含灰调的黄色服装比较合适。黄色色系是服装配色中最常用的色系之一，它与淡褐色、赭石色、淡蓝色、白色等相搭配，能取得较好的视觉效果。图4-11是黄色在女装设计中的运用。

图 4-10　橙色在女装设计中的运用

图 4-11　黄色在女装设计中的运用

（四）绿色

绿色色感温和、新鲜，有很强的活力、青春感。绿色常使人联想到绿草、丛林、大草原等，一般给人一种凉爽的、贴近自然的感觉。特别是近几年来"绿色"概念的深入人心，更使人们容易联想到自然与环保。绿色是儿童和青年常用的服装色调，绿色配色比较容易，以一种平和而协调的方式展现出个人的风格和品位。在搭配绿色的服装时，要特别注意利用绿色的系列色，如墨绿、深绿、翠绿、橄榄绿、草绿、中绿等的呼应搭配，尽量避免大面积地使用纯正的中绿，否则会出现视觉单调的效果。图4-12为绿色在女装设计中的运用。

图4-12 绿色在女装设计中的运用

（五）蓝色

看到蓝色，人们常常联想到广阔的天空和无垠的海洋，它是象征着希望的色彩。蓝色属于冷调的色彩，有稳定和沉静的感觉，是一种让人比较舒适的色彩，大气、稳重，适合会议等正式活动时穿着。图4-13是蓝色在女装设计中的运用。

（六）紫色

紫色属于富贵的色系，给人华丽而高贵的感觉。它分偏暖和偏冷两种，偏暖的紫色给人以沉着安定感，偏冷的深紫色则给人以凄冷的感觉。紫色系列的浅颜色如浅青莲、浅玫瑰等，是青年女性最喜爱的色彩之一，用来设计衬衫、连衣裙、时装等，显得新鲜而文雅。紫色系列的服装配上白色装饰，显得优雅、美观、大方。图4-14为紫色在女装设计中的运用。

图 4-13　蓝色在女装设计中的运用

图 4-14　紫色在女装设计中的运用

（七）白色

白色象征着纯真、高洁、幼嫩，给人的感觉是干净、素雅、明亮、卫生。白色能反射明亮的太阳光，而吸收的热量较少，是夏天理想的服装色彩。白色是明度最高的色系，有膨胀的感觉，特别是和明度低的色相相搭配时膨胀效果明显。所以尽量少给较肥胖的人设计白色的服装，相反，体型较瘦小的人适合穿用白色的服装。白色的衬衣配上浅蓝或浅绿的裤裙，能给人以整洁、雅致的感觉。白色服装具有纯洁、卫生感，如医院的工作人员、实验室的工作人员和餐饮行业的从业人员所穿用的工作服，白色是较合适的色彩。图 4-15 为白色在女装设计中的运用。

图 4-15 白色在女装设计中的运用

（八）黑色

黑色是明度最低的颜色，是具有严肃和稳重感的色彩。黑色给人后退、收缩的感觉，在某些场合可以引起悲哀、险恶之感。黑色具有收缩的特性，比较适合体型较肥胖者穿用，能使人产生一种消瘦的视错，但是体型瘦小的人不适合大面积地使用黑色。另外，夏季室外不宜穿着纯黑色的服装，因为黑色吸收太阳光热能的能力较强，会增加穿着者的闷热感。

黑色是东方人的流行色，与黑头发、黑眼睛属于同类色，所以黑色在我国一直比较流行。黑色的鞋子、黑色的裤子、黑色的腰带、黑色的手包等在我们的生活中很普遍，这也正是服装设计师需要考虑的色彩呼应关系。但要特别提示的是，选用黑色服装时一定要注意服饰配件的整体搭配，否则就会产生一种呆板或恐怖的感觉。黑色毛呢料在国际服装设计中被认为是代表男性的颜色，所以经常在男式礼服中设计使用。图4-16为黑色在女装设计中的运用。

图4-16　黑色在女装设计中的运用

（九）褐色

褐色是比较典型的西方流行色。褐色系列的服装与白色人种的发色、肤色、眼睛等比较协调，所以西方人的服饰中往往有大量的褐色存在，有的是整装，有的是局部，有的是服饰配件等。

褐色有偏黄的、有偏红的，属于咖啡色的系列。褐色系能使人联想到秋天，是一种丰富的、谦让、高雅、艺术性较强的色系。由于褐色明度较低，色彩性格不太强烈，所以它不仅具有秋冬季节性的温暖感和奢华感，还能够具有复古情怀和高贵的气质。褐色系列在如今使用非常广泛，成为女性衣橱中必不可少的经典色系。图4-17为褐色在女装设计中的运用。

（十）灰色

中性灰给人以朴素的感觉，灰色系本身是比较高级的，在设计服装时要注意纯度的变化。它适合设计比较正式或是简约的款式。图4-18为灰色在女装设计中的运用。

图 4-17　褐色在女装设计中的运用

图 4-18　灰色在女装设计中的运用

（十一）光泽色系

光泽色系是纺织品、装饰材料、装饰品所拥有的特异色彩，包括金、银、铜、玻璃、塑料、丝光、激光等的色泽。由于面料的材质各有不同，所以在设计服装时要考虑面料本身的性能和色彩的特异效果的关系处理。在现代的时装设计中，有光泽的涂层、层压面料使用很广泛，特别适合用于舞台礼服。图4-19为光泽色系在女装设计中的运用。

图4-19　光泽色系在女装设计中的运用

二、色彩的联想

色彩的联想来自阅历、来自生活、来自记忆。人们看到颜色时往往会联想到生活中的某种景物，比如有人看到红色就会想到鲜血，有人看到红色就会想到喜庆和节日，有人看到红色就会想到红旗，有人见到红色则会想到火等。这种把色彩与生活中具体景物联系起来的想象属于具体联想。有人看到蓝色就会联想到冷静、沉着；有人看到红色就会联想到热情、革命等，这种把色彩与知识中抽象的概念联系起来的想象属于抽象联想。

色彩的联想与观者的生活阅历、知识修养直接相关，所以在设计服装色彩时要分清对象，善于抓住不同人的个性要点，用色彩来体现设计的内容，使服装符合色彩美的原理。

三、色彩的情感属性

对于色彩的感觉，每个人都有着自己的体会。上面讲到的是人们在日常生活中共性的一面，但在实际中，人们对颜色怀有各种各样的感情。色彩本身是没有感情的，然而当人们看到某种有色彩的物体时，由于色彩的视觉刺激，人们会对色彩产生各种各样的感情。在色彩设计或绘画中，可以通过色彩的运用，使设计作品有明快、喜悦、忧郁等情感。色彩喜好是由个人主观想法决定的，所以每个人的差别还是很大的，但是就存在着共性的一面来看，那是由于受时代、教育、信仰等社会因素的影响而出现的一种必然。在非洲，人们将黑色与死亡、恶魔联系在一起，受这种特殊文化背景的影响，非洲人的服装一般不使用黑色，他们最喜欢使用的是鲜艳的色彩。

感情具有主观性，但是人们也能从某种颜色的共通性中产生相同的感情，这是一种共性的体现，这种共性的体现要求服装设计师从专业的角度来搭配运用，如暖色、冷色、兴奋色、稳重色等。

第三节　女装配色的基本法则

女装配色是女装色彩的组合。我们在设计女装色彩之前，不仅要清楚每种色彩的性格，还要掌握配色的艺术性与配色的基本方法，要懂得如何确立主色调，或者从什么色彩开始。

女装色彩的搭配与调和的行为主体是人，人在特定生理、心理、环境条件下，以具体的社会文化、时代特性为行为执行的背景，对服装色彩搭配效果的评价、选择及使用方式构成了服装配色行为宏观的社会基础和审美基础。服装色彩不仅要把握宏观效果，还要从微观上注意色彩与色彩之间的明度、色相、纯度等因素之间的适度关系性，这也是女装色彩搭配中所要遵循的基本的法则。

一、同类色在女装设计中的运用

同类色是由同一种色相变化而来的，只是明暗、深浅有所不同。同类色是某种颜色通过渐次加进白色配成明调，或渐次加进黑色配成暗调，或渐次加进不同深浅的灰色配成的。如深红与浅红、墨绿与浅绿、深黄与中黄、群青与天蓝等。

同类色组合在服装上运用较为广泛，配色柔和文雅，具有层次感，如图4-20所示。

二、类似色在女装设计中的运用

在色环中，相邻的色彼此都是类似色，彼此间都拥有一部分相同的色素，因此在配色效果上，也属于较容易调和的配色。类似色也有近邻色、远邻色之分，近邻色有较密切的属性，易于调和；而远邻色必须考虑不同的性质与色感，有时会有一些微小差异，这与色彩的视觉效果相关联，直接与色差及色环距离有关。类似色的配色关系处在色相环上30°以外60°以内的范围，这种色彩配置关系形成了色相弱对比关系。

图 4-20　同类色在女装设计中的运用

　　类似色配色的特点是：由于色相差较小而易产生统一协调之感，较容易出现雅致、柔和、耐看的视觉效果。服装色彩设计采用这类对比关系，配色效果较丰富、活泼，因为它有变化，且对眼睛的刺激适中，具有统一感，因此能弥补同类色配色的单调感，又保持了和谐、素雅、柔和、耐看的优点。在类似色配色中，如果色相差不够，明度及纯度上差距接近，配色效果就会显得单调、软弱，不易使视觉得到满足。所以在服装色彩搭配中运用类似色配色时，首先要重视变化对比因素，当色相差较小时，则应在色彩的明度、纯度上进行一些调整和弥补，这样才能达到理想的服装配色效果。图4-21为类似色在女装设计中的运用。

三、对比色在女装设计中的运用

　　对比色配色是指色环上两个相隔比较远的颜色相配，一般呈 150° 左右排列。它们在色相上有明显的对比，如黄色与青色、橙色与紫色、红色与蓝色。对比色配色给人的感觉比较强烈，不宜太多使用。

　　对比色运用在服装上能产生鲜丽明快的效果，用在舞台演出服装、儿童和青年女性服装上，其效果更为显著。但是，对比色的搭配显得个性很强，较容易产生不统一和杂乱的感觉。所以对这种服装配色，首先要注意其统一调和的因素，特别是对比色之间面积的比例关系。例如，"万绿丛中一点红"给人的强烈而清新的视觉刺激，正是红、绿两种对比色在面积上的合理比例形成的。图 4-22 为对比色在女装设计中的运用。

图 4-21　类似色在女装设计中的运用

图 4-22　对比色在女装设计中的运用

四、相对色在女装设计中的运用

相对色配色是指在色环上 180° 对角两个颜色的配合使用，如红与绿、黄与紫、青与橙等。色彩学把相对色又称为补色关系。

相对色在服装上的用法与对比色的用法大体相同，也应该注意主从关系。在服装配色时，如上衣用的是相对色配色的花色图案面料，那么裙或裤最好选用单色面料，因为这样能取得"闹中有静"的效果。

设计时，为了使相对色搭配更加和谐，可以酌情加入中间色调。如红色上衣、绿色的裙或裤，因过于强烈而视觉效果不佳；如果将上衣改用朱红，裙或裤改用暗绿色，同时搭配黑白色单品，效果就会好得多。图4-23为相对色在女装设计中的运用。

图 4-23　相对色在女装设计中的运用

第五章
女装图案设计

女装图案设计是女装设计中的重要环节。与男装不同，女装的图案是丰富多样的，不同图案的运用可以改变服装的整体风格。在女装图案设计中，首先要遵循图案设计的基础，再根据女装的特点，进行有针对性的设计，才能使图案与服装和谐统一，达到最佳效果。

第一节　服饰图案的基础知识

女装图案的设计离不开服饰图案的基础知识，设计中要遵循一定的规律，不能仅凭设计师的想象，漫无目的地设计。

一、基本概念

（一）图案

世界上不同的国家对图案一词有不同的理解与认识，主要是由于社会发展阶段的不同导致对图案理解的角度与侧重点不一。"图案"一词来源于日本词汇，20世纪初引入中国，其主要含义是"形制、纹饰、色彩的设计方案"。我国最早的工艺美术专业是染织专业，最初往往将纹样称作图案，由于概念界定的不清，使纹样与图案等同起来。

图案可以从广义和狭义两方面理解。从广义上讲，图案是指为达到一定目的而规划的设计方案和图样。具体来说，图案既是工艺美术、装饰美术、工业美术、建筑美术等关于色彩、造型、结构的预想设计，也是在工艺、材料、用途、经济、美观、实用等条件制约下的图样、模型、装饰纹样的统称。从狭义上讲，图案是指某种有装饰意味的、有一定结构布局的图形纹样。

图案在其发生、发展的历史过程中，具有与人类物质与文化生活息息相关的、极其广泛的表现形态。它渗透在现实生活中的每个角落，可以说，图案不仅是美术学的一个专门学科，从现代意义上也可以说是当代"设计学"的前身。图案起源于人类装饰的本能。德国社会科学家格罗塞（Emst Grosse）在《艺术的起源》一书中指出："喜欢装饰，是人类最早也是最强烈的欲求，也许在部落产生之前，它已经流行很久了。"从生理角度讲，早期的人类出于图腾崇拜、求偶的需要，使用不同的图案纹样装饰自身，从而达到吸引异性的目的。从自身保护的角度讲，图案装饰可以增强人自身的外观视觉效果，威严、狰狞的图案可以达到恐吓、警告敌人与增强自信的目的。

图案所涉及的领域非常广泛，由于其服务对象不同、应用领域各异，又有不同的分类、概括方法。从应用角度而言，可将图案分为纺织品图案、服饰图案、建筑图案、家具图案、漆器图案、装潢图案、广告图案等。从教学角度讲，图案分为基础图案和专业图案两种。所谓基础图案，是指共性的图案设计，没有特定的应用对象，以方法、技巧、规律总结为主。基础图案不仅是专业图案的准备阶段，也是专业图案设计者必须经历的学习与训练过程。

（二）服饰

服饰包含两层意思：一是指衣服上的装饰，如图案、纹样；二是指服装及其配饰的总称，包括衣服及首饰、包袋、鞋帽等。

我们说的服饰，常常是把服装和配件剥离的。因此，从某种意义讲，"服饰"的"服"是指服装，即通过面料的拼接与造型来表现穿着者的精神面貌与形体感觉；"服饰"的"饰"则是用来烘托、陪衬、点缀服装的饰品，它能使服装的整体美更完善，进一步体现人的仪态和气质。由此可见，服饰是实用性和装饰性完美结合的穿着用品与外表包装，实用性和装饰性两者是相辅相成的。

服饰是人类进入文明时期后特有的劳动成果，它不仅反映人们的劳动水平，也是人们内在精神需求的折射，是人类文明进步的具体表现。服饰是一种社会展示，能够传达社会观念。社会历史文化的变迁直接影响着服饰的变化，每个历史时期的社会制度、意识形态、文化艺术、美学思想、审美倾向等，都会从那个时代的服饰中反映出来。

服饰作为人类的一种创造物，同时也在美化着人类。具有良好品位与精巧做工的服饰，能够达到展现穿着者的修养、审美、素质和品位的效果，而这种美化效果则是通过包括服饰图案设计在内的各种艺术手段获得的。可以说，服装设计师以创造美丽的式样为任务，凭借一定的设计方法与技巧，通过具体的材料和工艺手段，使形象具体化。从动态的观点看，服装设计是用变幻的色彩、流动的线条与节奏共同编织的交响乐。

（三）服饰图案

服饰图案的取材广泛，它的起源可追溯到人类早期。原始人为了表现、美化身体，为了吸引异性，或为了原始图腾崇拜以及祭祀等需要，用有色矿土和兽血文身，或划破身体形成"刺青"装饰，还用兽骨、牙齿、贝壳、石子等现有材料串成饰链佩戴在身体上作为装饰或用于宗教形式的表现，这些都可以看成是服饰图案的雏形。随着对动植物纤维认识的加深，并掌握了一定的纺织技术后，原始先民开始在织物上染绘原来装饰于身体上的纹饰。从此，图案作为一种装饰形式，被广泛应用于服饰中。

服饰图案是服装及其配件上具有一定图案结构规律，经过抽象、变化等方法而规则化、定型化的装饰图形和纹样，是多种内涵和表现形式的和谐统一。服饰图案能够准确地反映出地域特色和当时所处的生存环境。比如我国的苗族服饰，因为生活环境不同，高山地区的苗族支系服饰图案多为动物；平原地区的苗族支系服饰图案则以植物、花卉题材为多。

　　服饰图案在服装设计中不仅仅起着装饰作用，还能较为直观地表达设计者的设计思想和情感。服饰图案设计，重视视觉语言表达，多以具体的形象为设计基础，表现自然美和艺术美。除此之外，服饰图案还具有一定的社会象征性，代表着不同的宗教、阶级、地位，反映出当时的社会伦理，体现出着装者的身份和地位。例如，明清文官官服中的补子图案（图5-1）便代表着不同的身份、地位和等级。

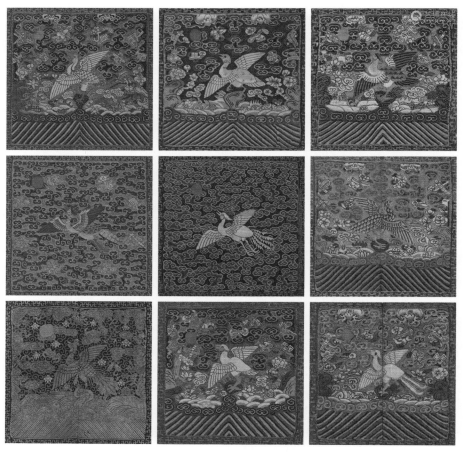

图5-1　明清文官官服中的补子图案

　　随着信息传播和影像图形技术的发展，图案被更广泛地使用，承载越来越多的文化内涵，在服装设计中的应用达到了前所未有的程度。服饰图案设计早已不再局限于印花图案和缀补图案，许多新的图像素材在经过剪辑、拼接后，形成了全新的服饰图案的形式。回顾服装设计的发展历程，图案始终与其相伴，在人们生活水平得到普遍提高的今天，图案美显得更为重要。充分利用服饰图案，可以使服装设计更趋个性化、多样化和时髦化。

　　灵活的应变性和极强的表现性是当今服饰图案的重要特征。服饰图案能够及时、鲜明地反映人们的时尚风貌、审美情趣、心理诉求。对于服装产品来说，服饰图案设计会在极大程度上影响消费者对该产品的接受程度，也会对服装生产经营者在投产、营销等问题上产生影响。服饰图案极为丰富多彩，但是，无论是具象还是抽象的，无论是写实的还是夸张的，都应符合以下几个条件：

（1）符合对称、均衡、匀称等图案构成的基本原理；

（2）反映当时历史条件下人们的生活与生产水平；

（3）表现了人们特定的情感和审美观念。

二、服饰图案的审美与功能

服饰图案不同于一般的艺术创造，它的设计必须是在实用性基础上展开的，创造性和实用性是服饰图案设计不可分割的两个方面。同时服饰图案既要有实用功能，又要有审美价值。所谓实用功能，就是要充分考虑图案将要表现的主题，使之最大可能地实现其象征、标志等功能，使图案和服装融为一体，无论在风格上还是理念上达到最大的统一。

（一）服饰图案的审美

人们穿着服装除了遮体、保暖等实用目的外，还为了使自己更美观、漂亮。满足人们视觉和心理上的审美需求，这正是服饰图案审美性的体现。通常认为服饰图案之美包括自然美、艺术美和社会美。

1. 服饰图案的自然美

服饰图案的自然美，就是一种自在美、形态美或客体美。人们以审美的眼光，将关于美的知识和智慧投射到自然界中，如山水花鸟、鱼虫鸟兽等自然物上，设计出能显现人类知识与智慧的图案，表现其自然美。人们将这些能引起审美快感的形象与形式运用在服饰上，以满足对美的需求。

2. 服饰图案的艺术美

服饰图案的纹样构成蕴含着符合人们生理与心理需求的形式美的基本原理。图案纹样的排列是有规律的，在变化中求统一，符合对称与均衡、节奏与韵律等艺术法则，这些法则不仅表现出一种视觉美感，也映射出种种思想文化内涵，这就是服饰图案的艺术美。

3. 服饰图案的社会美

服饰图案的社会美既是一种自在美，又是一种自为美；既是一种形式美，又是一种时尚美；既是一种客体美，又是一种主体美。但从其本质来看，社会美是人类自身社会实践，尤其是学习实践活动的产物。人类以审美的目光，将关于美的知识投射到社会事物上，创造出能反映人类社会发展的图案形式，形成服饰图案的社会美。社会美比自然美要丰富多样、复杂深邃得多，且因其主体的复杂性，不确定因素很多，其表现形式和表现内容也多种多样。

（二）服饰图案的功能特性

1. 统一性

统一性既指图案与服装在风格、色彩、款式等方面的统一，又指服饰图案自身的内涵和表现形式的和谐统一。如服饰图案与服饰的文化内涵的统一；服饰图案与服饰的社会内涵的统一；服饰图案的地域特征与人文特征的统一；服饰图案的装饰性与象征性的统一；服饰图案表现形式的多样性的统一。

2. 修饰作用

服饰图案可以对服装以及着装后的人体进行修饰。从修饰的角度加以区别，服饰图案不仅可以起到美化、强调作用，还可以起到弥补缺陷的作用。

（1）装饰。装饰是人类的天性。在着装行为还没有成为习惯之前的原始社会时期，人们就会装饰自己的身体。随着社会的进步，着装逐渐成为人类社会的一种道德和行为习惯。人们在劳动以及对大自然的认识过程中逐渐发现了美，将对美好生活的憧憬和向往通过多种艺术形式表达，其中就包含服饰设计，并创造风格各异、多姿多彩的服饰图案和装饰手段，使服装的层次、色彩更加丰富。

通常，服饰图案对服装能够起到修饰、点缀的作用，使原本在视觉形式上显得单调的服装产生层次、格局和色彩的变化。当然，过多的装饰会破坏和谐的自然美，而素材选择、变幻手法得当的装饰，不仅能渲染服装的艺术气氛，更能提高服装的审美内涵。图5-2为女装局部上的图案点缀。

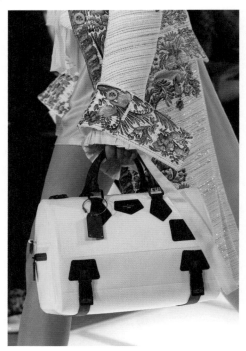

图5-2　女装局部上的图案点缀

（2）弥补。服饰图案具有视差矫正的弥补功用。在现实生活中，人体常有某些局部的不足，形成所谓的非标准体型，如胖体、瘦体、溜肩、斜肩、凸腹、凸臀、驼背等。要使非标准体型者的服装也能产生和谐的视觉效果，就要在设计中按照扬长避短的原则，弥补失调的人体比例。服饰图案可以提醒、夸张或掩盖人体的部位特征，可以根据人视觉上错视特点，利用图案的色彩对比、造型变化、位置安排等，强调或削弱服装造型和结构上的某些特点，以起到视觉矫正的作用，使穿着者更具魅力。图5-3体现了图案在女装中的弥补作用。

图 5-3　图案在女装中的弥补作用

（3）强调。强调是刻意造成一种局部对比之美。服饰图案可起到加强与突出服饰局部视觉效果的作用，形成视觉张力。服饰图案通过色彩的对比、大小的对比、位置的对比，可以起到突出服装局部视觉效果或突出设计点的作用。为了特别强调服装的某种特点，或刻意突出穿着者身体的某一部位，往往选择对比强烈、带有夸张意味的图案作为装饰。如在一字肩女装设计时，常常在肩部领口使用花纹图案，以突出女性肩颈曲线（图5-4）。

图 5-4　肩部及腰部的图案有强调的作用

3. 象征和寓意

（1）象征。象征是借助事物间的联系，用特定的具体事物来表现某种精神或表达某一事理。象征作为一种特殊的内容，具有间接的、隐蔽的、深层的含义，它使得图案纹样具有独特的魅力。从形而上的角度来说，有的人会根据当时的政治背景、社会环境所需，人为地赋予图案某些象征意义。

中国古代图腾艺术中，常借用某种形象象征性地表现抽象的概念，如中国传统纹样中的龙象征着"皇权"，民间艺术中的蝙蝠象征"福"，桃子象征"寿"等。服饰图案的象征性源于自然崇拜和宗教崇拜，进而演变出期盼"生命繁衍，富贵安康，祛病除祸"等吉祥象征意义。如新娘嫁衣上常绣"龙凤呈祥""牡丹花开"等图案，蕴含着幸福美满、花开富贵等象征寓意。

（2）寓意。服饰图案常借某些题材寄寓某种特定的含义，以寄托设计者的情志。如明清时期有很多吉祥图案，题材经常采用民间的双关语手法，有时还会利用谐音或采用几种带有吉祥意义的物体进行组合，形成锦上添花的寓意。如用喜鹊、梅花寓意"喜上眉梢"，莲花、鲤鱼寓意"连年有余"，蝙蝠、鹿、桃寓意"福、禄、寿"等，这些都是利用了谐音手法。而鸳鸯寓意夫妻恩爱、松鹤寓意延年益寿、石榴寓意多子等则是采用了隐喻手法。中国最有代表性的吉祥纹样"龙凤呈祥"，被认为是许多吉祥寓意的综合表达。图5-5为中国传统龙、凤图案。

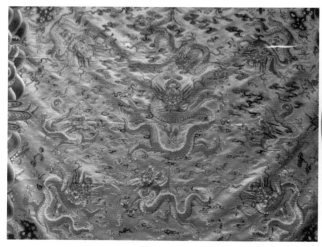

图5-5　中国传统龙、凤图案

4. 标识性

服饰图案的标识与符号的作用，是服饰图案的社会功能之一。

（1）标识等级。封建社会规定用不同服饰来区别上下尊卑，不仅龙、凤图案是帝王、皇后的特定服饰图案，在群臣百官中，也用服饰图案来区别上下等级、贫富贵贱。在西洋服装历史中，古罗马、中世纪也用服饰图案或者服装装饰来区别等级，如家族章纹等。

（2）标识职业。服饰作为人的部分外在形象，不仅能反映一个人的精神面貌和生活品位，也能表现一个人的社会职业。如军人、运动员、服务员等都会用各自统一的图案标识自己的职业身份。

（3）品牌标识。随着人们服饰品牌意识的发展，一些名牌服饰的标志性图案也成为一种特定的标识。在现代服饰图案中，这类图案要体现服装的品牌价值和理念，所以不能像其他服装设计那样随心所欲地做夸张变形，通常具有醒目、简洁、易记的特点。

三、服饰图案的构成形式

按照一般图案学分类，服饰图案属于平面图案的范畴，根据不同的组织形式和结构可分为单独服饰图案和连续服饰图案两大类。单独服饰图案主要有自由服饰图案、适合服饰图案两类；连续服饰图案主要有二方连续图案和四方连续图案两类。

（一）单独服饰图案

单独服饰图案是指独立存在的装饰图案，可集中引导视线，起到画龙点睛的作用。单独服饰图案经常作为衣服的胸背部装饰，大多集中在上半身，处在正常视线范围之内。此外，单独服饰图案设计需表现一定的顺序性，解决好主次关系及层次感。人的视知觉有一定的选择性，而且有时间先后之分。一般来说，面积大的对象，或者面积小但色彩鲜艳度高、与周围物体明度或色相差别较大的对象，容易首先进入视觉的选择范围。

单独服饰图案包括自由服饰图案和适合服饰图案。

1. 自由服饰图案

自由服饰图案是指可以自由处理外形的独立图案。因其不受外轮廓的约束，适合表现情绪化较为突出的服饰风格。自由服饰图案可以分为均衡式图案和平衡式图案两种。

（1）均衡式图案。均衡式也叫对称式图案，可分为上下对称、左右对称、多方位对称。它的特点是以中轴线或中心点为基准，在其上下左右布置同形、同量的花卉图案，以取得平稳、庄重大方的风格效果。图5-6为均衡式图案在女装设计中的运用。

（2）平衡式图案。平衡式图案是以整个图案的重心为布局

图 5-6　均衡式图案在女装设计中的运用

依据的，在使图案重心保持平衡的前提下，进行任意构图。这种构图方式不求绝对对称，而是给人以动感，创造出灵活、生动、优美、富有韵律感的图案。

2. 适合服饰图案

适合服饰图案为独立存在，且与一定外轮廓相适应的图案，有均齐适合图案和平衡适合图案两种。适合服饰图案的外轮廓多种多样，圆形、三角形、菱形、心形等几何形及某些自然物体的外形，都可以作为适合服饰图案的外轮廓。

适合服饰图案要求适形造型，根据空间布局，在整体上有所取舍。在适合服饰图案的设计中，可以运用各种线条分割画面，用各种图案填充并使其在色彩方面有所变化与对比。中国传统图案在结构上多选用适形造型的方法，有的运用单元性不强的四方延伸结构，可以自由地填充各种空间，如以植物纹样填充四角，构成变化。

（1）均齐适合图案。均齐适合图案（图5-7）是在中轴线的上下左右配置纹样，其结构严谨，有以下几种基本形式。

① 直立式。直立向上的纹样，依中心轴线分左右对称构成。这种形式要注意在对称中求变化，避免过于呆板。

② 辐射式。呈放射状或向心状态，由数个等分的小单位组成，比直立式更富于变化。

③ 转换式。也称倒置式，由两个同形的纹样互相调换方向排列而成，有左右转换、上下转换之分。转换之后，纹样能互相穿插，简洁而又富于变化。

④ 回旋式。与辐射式大致相同，纹样皆有

图5-7　均齐适合图案

方向，并采用运动形态向四周旋转，能产生生动优美的效果。

（2）平衡适合图案。平衡适合图案是一种不规则的自由形式，采用等量不等形的形式配置纹样。平衡适合图案不要求形状、色彩上的完全对称，而是在视觉上达到力与量的平衡。图5-8为平衡适合图案在女装设计中的运用。

（二）连续服饰图案

连续服饰图案是以单位纹样做重复排列而形成的无限循环图案，有二方连续图案和四方连续图案两种。

1. 二方连续图案

二方连续图案又叫带状图案或花边图案，就是单个纹样向上下或左右重复而组成的图案，如图 5-9 所示。上下排列为纵式或竖式二方连续图案，左右排列为横式二方连续图案。二方连续图案能使人产生秩序感、节奏感，适合作为衣边部位的装饰，如领口、袖口、襟边、口袋边、裤脚边、体侧部、腰带、下摆等部位。

图 5-8　平衡适合图案在女装设计中的运用

图 5-9　二方连续图案

二方连续图案的排列形式有许多种，常见的有以下几种。

（1）散点式。散点式没有明显的方向，用一个或两个花纹依次向上下或左右排列，互不连接，只有空间的呼应。

（2）直立式。直立式图案纹样排列方向向上或向下，纹样之间可以连接，也可以不连接。

（3）倾斜式。倾斜式图案纹样排列方向可以做各种角度的倾斜，形式多样，组成的图案灵动、活泼。

（4）波浪式。波浪式纹样设计由一根主轴线作波状连续，有单线波纹和双线波纹两种，图案纹样可以安排在波线上，也可以处理在波肚内。这种形式大方、活泼、富于变化，是中国传统服饰中经常采用的图案排列形式。

（5）折线式。折线式和波浪式不同，折线式图案的主轴线是由直线组成，而非曲线，其纹样多为对向排列，主轴线可藏可露，藏则要求图案纹样必须是适合纹样。

（6）剖整式。剖整式有全剖式和一整一剖式。由两个不完整形组成的连续纹样图案，叫全剖式。由一个整形和两个不完整形组成连续纹样的图案，叫一整一剖式。

在设计二方连续图案时，要注意纹样排列的起伏变化、聚散变化、疏密变化，体现形式变化法则。不同方向的纹样穿插要生动自如，两个以上不同形态的纹样排在一个循环单位时，要注意起伏变化的方向，使单位纹样间有呼应、互相关联。

2. 四方连续图案

四方连续图案是由一个单位纹样向上、下、左、右四个方向重复排列而成，可向四周无限扩展。因其具有向四面八方循环反复、连绵不断的结构组织特点，又称为网格图案。图 5-10 为四方连续图案在女装设计中的运用。

图 5-10　四方连续图案在女装设计中的运用

（1）散点连续。散点连续在形式上有规则和不规则两种。规则排列是在一个单位内等分数格，在每一格里填置一个或多个单位纹样，互不冲突。不规则排列是将纹样在一定区域内的上下和左右连续对花的循环点确定后，随意穿插其他花纹。

散点排列方法有平行排列与梯形排列两种。平行排列是在上下和左右连续对花。这种排列方法不易杂乱，容易掌握，但若排列不当，大面积连续后容易产生横档、直条、斜路等空档。梯形排列是上下对花，左右一高一低错开连续对花。高低错开的程度有二分之一、三分之一、四分之一等，形成梯状连续形式。特点是用分格排列的方法，产生不规则的散点效果。在散点安排上，不受一个单位区域的约束，大面积连续后，具有灵活和变化丰富的特色，并由于连续错开，不容易出现空档。

散点连续因单位纹样中散点数量的不同，而分为不同的构成形式。在一个单位区域内配置一个（组）散点纹样时，小单位宜采用花朵或团花，大单位宜采用折枝花。在一个单位区域内配置两个（组）散点纹样时，若纹样带有方向，最好排成丁字形，采用大花或小花枝纹样。在一个单位区域内配置三个（组）散点纹样时，如采用大、中、小三个散点组成，则应注意大点与中、小点成丁字形。如采用平行排列，则忌采用正方形作为一个循环单位，以避免起斜路。可采用长方形，越长越好。在一个单位区域内配置四个（组）散点纹样时，适宜用两大两小，大小靠近，采用梯形，要注意大小分布均匀。

（2）连缀连续。连缀连续是单位纹样间相互连接或穿插的四方连续图案，其连续性较强，有阶梯连缀、波形连缀和转换连缀三种。

（3）重叠连续。重叠连续是采用两种以上的纹样重叠排列在一起形成的。底层的花纹也叫地纹，上层的花纹叫浮纹。一般用地纹作衬托，浮纹作主花，形成上下层次的变化。重叠连续的构成方法有四种：几何地纹与散点浮纹重叠构成，散点地纹与散点浮纹重叠构成，连缀地纹与散点地纹重叠构成以及相同的地纹与浮纹重叠构成。不同的构成方法需采用不同的表现方法。

四方连续图案的排列比较复杂，它不仅要求纹样造型严谨生动、主题突出、层次分明、穿插得当，还必须注意连续后产生的整体艺术效果。四方连续图案的应用也很广泛，对面料及服饰设计而言，满衣式是最为常见的形式之一。

第二节　女装图案的分类与设计方法

女装图案设计就是用一定的艺术手法，通过构思、布局、造型和色彩设计提炼出具有一定表现力与装饰性、并适合应用于服饰上的图案。

一、女装图案的分类

关于女装图案的类别，可以按构成空间、构成形式及形象特点等多个类别进行分类。

（一）按构成空间分类

按构成空间分类，女装图案可以分为平面图案和立体图案。

1. 平面图案

平面图案有两层含义：从装饰纹样图案所依附的背景、基础的空间维度来讲，是以二维空间的平面物为主体；从表现效果来看，是以平面形为主，追求平面化的二维装饰。平面图案侧重于构图、形象和色彩设计。图5-11为平面图案在女装中的运用。

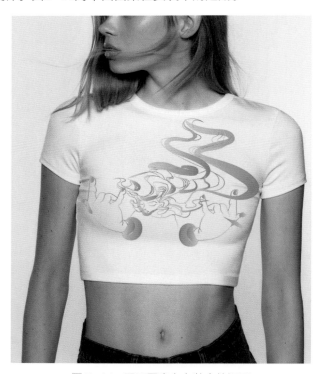

图 5-11　平面图案在女装中的运用

2. 立体图案

立体图案也有两层含义：从装饰纹样所依附的背景、基础的空间维度来讲，是以三维空间的立体物为主体；或者图案自身即是由立体物构成，如用面料做出的蝴蝶、花朵等立体纹饰。此类立体图案主要通过材料的材质和制作工艺来实现。从表现效果来讲，是指女装图案具有立体效果，能够表现一定的空间感。图5-12为女装中通过熨烫实现的立体图案。

图 5-12　女装中通过熨烫实现的立体图案

（二）按构成形式分类

按构成形式分类，女装图案可以分为单独图案和连续图案两大类。

1. 单独图案

单独图案是指独立存在的，大小、形状无一定规律或具体要求、限制且不与其他图案相联系的装饰图案。在女装图案设计中，单独图案的应用具有较高的灵活性，面积较大的适合用于服装的胸、背装饰，面积较小的适合用于局部或部件装饰。图 5-13 为面积较大的单独图案在女装中的运用。

2. 连续图案

连续图案是在单独图案的基础上重复排列，可以无限循环的图案。连续图案分为二方连续和四方连续两种。图 5-14 为连续图案在女装中的运用。

（三）按形象特点分类

按形象特点分类，女装图案可以分为具象图案和抽象图案。

图 5-13　面积较大的单独图案在女装中的运用

图 5-14　连续图案在女装中的运用

1. 具象图案

具象图案是指根据具象的事物创造服装造型图案，包括艺术和写实。具象图案追求的不仅仅是与自然物象的形似，更是要有一种神韵、气势、情感上的相通，追求意象中的神似。

2. 抽象图案

抽象图案是指非具象图案造型，不代表任何物象的几何图形、有机图形和随机图形等，通常由纯粹的点、线、面构成。

（四）按工艺分类

按工艺分类，女装图案可以分为印、染、绣、绘、织、缀等图案式样。女装图案风格的形式与所使用的材质和制作工艺有一定关系，各类工艺过程都有其自身的特点和规律性。由于工艺不同，所形成的外观效果也各不相同，如图 5-15 所示。

（五）按文化属性分类

按文化属性分类，女装图案可分为中国传统图案和西方传统图案。中国传统图案规整、飘逸

含蓄、内敛统一；西方传统图案自然奔放、灵动洒脱。女装图案设计是对传统文化的继承，更是
对传统文化的创新和发展。无论是东方文化还是西方文化，只有把传统文化的精髓与现代精神结
合起来，形成的服饰风格才具有时代的普遍意义。

图 5-15　不同工艺在女装上的不同效果

1. 中国传统图案

中国传统图案是指具有中国特色、能体现中国传统民俗风情、带有寓意的图案，如吉祥图案、民间传统图案、民族纹样等，如图5-16所示。尽管早期的工艺产品随着社会的发展、生产的进步被历史所淘汰，但是先人们所使用的图案纹样却被保存下来，并不断移植、应用到新的产品上去。正是这种一脉相承的传统文化，使得服饰图案具有了特定的审美观念。在长期演变过程中，图案中的吉祥意念不断与表现形式相融合，逐步形成了各民族具有类似吉祥意义但表现形式不同的图案形式。

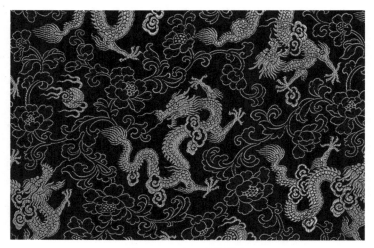

图5-16　中国传统图案

总之，既注重图案的社会功利性，又注重图案的审美愉悦性；既注重图案的形式美，又注重情感意念的传达，使内涵意义与表现形式达到完美和谐的统一，这是中国传统图案的审美特征。

2. 西方传统图案

图案是一种特殊的语言，是原始人、古代人与现代人相通的图形语言，也是人类相通的程式化的视觉语言。不同地区和不同民族的图案有不同的构成方式和习惯，于是这种语言就有了民族和地方特色，形成明显的风格差异。西方传统图案主要是指西方传统染织、刺绣等图案，包括古埃及图案、古希腊图案、波斯图案、中世纪欧洲图案、佩兹利涡旋图案等，如图5-17所示。

图5-17　西方传统图案

（六）按时代特征分类

按时代特征分类，女装图案可以分为古代图案和现代图案。

1. 古代图案

古代图案从西方历史上来看，主要是指阶级社会建立至文艺复兴之前的图案造型；从中国历史来看，则是夏至清朝之间的图案造型。图5-18为中国古代的饕餮图案。图5-19 为西方古代的巴洛克代表图案。

图 5-18　中国古代的饕餮图案

图 5-19　西方古代的巴洛克代表图案

2. 现代图案

现代图案一般是指 20 世纪以后的各种图案，包括写实、写意、抽象等不同风格，如自然纹样、几何纹样、欧普纹样等，以及取材于现代绘画的立体派、抽象派、后现代主义等风格各异的图案。图 5-20 为现代几何图案。

图 5-20　现代几何图案

（七）按素材分类

按素材分类，女装图案可以分为植物图案、动物图案、人物图案、几何文字图案等。其中，植物图案有花卉、枝叶、花草等；动物图案有传说中的龙、凤、麒麟等和真实的动物如狮、虎、鹿、大象、鸟等；人物图案又可分为戏曲人物图案、历史故事人物图案、卡通人物图案等；文字几何图案如"福""寿""卍"字纹等。

二、女装图案的设计方法

女装图案的设计目的，就是将自然形象中美的因素进行必要的组合、归纳、分析和整理，把设计师具有创造性的艺术想象力加以程式化的抽象概括，并融入设计师的内在情感与风格追求，以艺术美的形式表现在图案形象中。而女装图案的设计方法，就是为达到这个目的而采取的必要的途径、步骤和手段。

（一）提炼

提炼或称为简化归纳，是纯化形态的一种方法，就是在装饰变化过程中，对复杂的自然物象进行秩序化的梳理，使其构图、造型、纹理规律化、条理化，将局部细节省略归纳，舍去物象的非本质细节，保留和突出物象的基本属性，有时甚至将物象典型的特征或美的纹理重复再现，形成韵律美和秩序感。常见的提炼方法有以下几种。

1. 外形提炼

外形提炼方法主要着眼于物象的外轮廓变化，强调外轮廓的整体性与特征性，省略物象的立体层次和细枝末节，选择物象的最佳表现角度，即对最能体现物象特征的视点做平面的处理，多用具有装饰性的直线、曲线修饰外形轮廓，如我国的皮影戏造型图案。

2. 线面归纳概括

这种方法是用线或面概括地表现物体的结构、轮廓或光影的明暗变化，省略中间的细微层次，用线条勾勒和留白的手法进行图案设计。

3. 条理归纳概括

这种方法是将物象本身所具有的条理、秩序等因素加以统一、强化，对有曲线、直线因素的物象，可加强其曲直表现，或归纳为纯几何形态。图 5-21 为归纳成纯几何形态的女装图案。

图 5-21　归纳成纯几何形态的女装图案

（二）夸张

夸张是设计中常用的一种表现手法。为增强艺术表现效果、鲜明地揭示事物的本质，可以把图案中的某些特征加以突出、夸大和强调，使原有形象特征更加鲜明、生动和典型，增强艺术感染力。夸张有局部夸张、整体夸张、动态夸张、抽象夸张等方法。图 5-22 为采用夸张方法设计的女装图案。

图 5-22　采用夸张方法设计的女装图案

1. 局部夸张

局部夸张是强化物象中的某一部分，通过改变其比例和结构来强化主题、增加装饰效果。为达到特定的表现目的，往往舍去或淡化其他部分而强化局部特征。

2. 整体夸张

整体夸张是突出或夸大事物的外形特征，淡化局部或细节，使其趋向性更大，整体形象更加强烈、鲜明。如现代的时装画，往往会忽略五官，把模特的整体比例拉长，注重整体感觉。

3. 动态夸张

自然界中各种物象均具有动态特征，可分为内力动态和外力动态。人和动物因自身的内力而具有一定的动态，夸大这种动态，可使其本身具有的力感和运动感更明显。自然界的其他物质，如植物，则呈现出外力动态，需受外力而产生动态。画家笔下的墨竹，便是风的外力使竹子产生了动感。动态夸张能更好地表现对象的动作特征，增强动感或节奏感。

4. 抽象夸张

抽象夸张是将物象具有方、圆、曲、直等形式倾向的形态加以强化，变成垂直、水平、几何曲线、规则几何形等，使物象更具装饰性。

（三）添加

添加是根据女装图案的整体审美要求，对简化后的"形"添加必要的装饰，增加肌理效果，丰富其内涵，同时强化装饰性和趣味性。

1. 肌理性纹饰

依据自然物本身的肌理、构造来进行添加和变化。如斑马身上的自然花纹，就是很好的添加装饰。

2. 联想性纹饰

与"物"自身所处生存环境、习性相关的纹饰为联想性纹饰。如在鸟身上添加植物纹样、在海洋生物轮廓中添加海浪纹样，可使人联想到它们所生活的环境。

3. 传统民间纹样

添加中国传统民间纹样后，会使形象别出心裁，产生强烈的装饰效果。

在女装图案设计中，往往综合利用各种添加法，达到美化与装饰目的，同时产生一定的趣味性。

（四）抽象

抽象是利用几何变形的手法，对女装图案形象进行变化、整理，通常用几何直线或曲线对图案的外形进行抽象概括处理，将其归纳组成几何形体，使其具有简洁明快的现代美。如回纹、卷云纹等，都是中国先人创造的抽象纹样，回纹主要应用于女装的边饰和底纹，而卷云纹多用于面料的底纹。图5-23为女装中的抽象图案。

图 5-23　女装中的抽象图案

（五）强调

强调也是女装图案设计的常用方法之一，它能够使视线一开始就关注在最主要的部分，由主要部分向其他次要部分逐渐转移。强调不等同于夸张，夸张是对物象的形体、轮廓而言，强调则是对服饰图案应用于女装本身后的实际效果而言。图 5-24 为在女装中起到强调作用的图案。

图 5-24　在女装中起到强调作用的图案

第三节　女装图案的表现

女装图案的表现是多种多样的，不能脱离服装的载体光谈图案设计。本节主要从女装图案与其他女装设计要素的关系和女装图案的表现形式两方面来阐述。

一、女装图案与其他设计要素的关系

在女装设计中，服装设计并不是单纯地制作衣服，设计师使用的设计元素和表达的设计理念被视为服装设计的灵魂，而图案设计则是表达设计师设计理念的一个重要手段。

（一）女装图案与女装造型的关系

女装造型是整体形象的基础，在很大程度上限定了女装图案的形态格局和风格倾向。女装图案必须接受服装造型的限定，并且以相应的形式去体现。不同造型赋予服装不同特点，女装图案设计应该根据不同的服装造型在形式上做出相应变化，以求以最贴切的形式融入服装造型中，并与之保持形式上的一致倾向。例如宽松的休闲服，由于松量较大，同时穿着的场合比较随意，所以其图案可以比较松散，色彩也可以选取鲜艳明快的；造型紧身修长的衣服，可以采用边饰或局部装饰，使图案形象能够与服装造型乃至人体结构特点相吻合，以免削弱造型风格中所具有的自然韵味。

女装图案还要与服装结构相适合，如装袖服装前片面积较大，图案形式可以相对自由，但如果是插肩袖，则可以把图案放在袖子上，或是采用弧形、自由形图案，避免图案带来的局促感。

（二）女装图案与服装色彩的关系

服装色彩对女装图案也有明显的影响。当服装色彩比较灰暗时，通常会采用比较醒目的图案设计来打破色彩带来的沉闷感，增加服装的层次。局部装饰可以衬托服装色彩，一般来说，色彩沉稳或色彩变化较少的服装，图案可以多一点，复杂一点，只要图案运用得当，就可以与服装色彩相互呼应。

图案的色彩、大小以及排列形式给人带来不同的视觉冲击力，能够引导视线，形成装饰中心，在服装上显示出明朗艳丽的视觉效果。还有一些图案既能减弱又能加强服装色彩，如彩色格纹、彩色条纹、波点图案等，不同的图案及其在服装上不同的运用，对服装色彩会有不同的影响。

（三）女装图案与工艺技法的关系

女装图案最终在服装上的表现是通过不同的工艺实现的，因而在设计时需要考虑工艺的特性和制约条件，使图案能体现工艺技术的优点，通过最佳的表现形式来体现设计目的和要求。工艺技术往往对图案有很大的制约性，图案的整体构思与设计是在工艺技术条件的制约下进行的，不是纯绘画性的表现。如蜡染中的冰裂纹，完全依靠制作工艺形成，不能靠绘画完成。同时，有些制作工艺对设计起到充实和发展的作用，它往往能超越纸面效果，在制作过程中出现特别的表现形式。如电脑喷绘图案，它相对其他工艺技法，具有更细腻真实的特点，可以超写实地表现物象。因此，在这种工艺条件下，设计师可以进行随心所欲地设计。再如植绒工艺，可以给图案带来立体感，增加女装图案的肌理感和层次感，更加丰富服装视觉效果。

此外，图案设计的实现工艺还要受产品成本的制约，要结合工艺技术、设计师或生产商的要求，做到适合生产。

（四）女装图案与服装面料的关系

女装图案也受服装材料的制约，只有找到合适的材料，才能按要求制作出想要的图案。各种原材料有不同的质地和性能，可以产生不同的效果。有些图案适合用于棉、麻、丝等面料，有些图案则适合用于皮革和牛仔面料。图案设计还要考虑颜料、纱线、染料等材料条件的影响，在进行女装图案设计时，所有材料因素都是事先要考虑的因素。

二、女装图案的表现形式

女装图案的表现形式多种多样，在实际的服装生产中，主要有以下几种表现形式。

（一）用面料图案表现

用面料现有的图案是图案在女装运用中的最普遍形式。面料中的图案风格往往会左右服装的整体风格，或清新典雅、或活泼艳丽，都可以通过不同图案的面料直接表现出来。不同图案的面料有不同的风格倾向，可以表现出时代、民族、地域等的差异性。面料图案中色调的冷暖、纹样的材质和大小对着装场合的使用也有一定的影响（图5-25）。

图 5-25　用面料图案表现的女装图案

（二）用印花形式表现

印花形式表现的图案是指通过各种印花手段，将图案印制在服装面料上，起到美化服装的装饰效果。其不同于批量的面料印染，是将图案手工印制在单件服装的裁片上，单色或套色均可。通常是先将面料裁好，再将图案印制在需要的部位。现在常使用的是丝网印花、数码印花、转移印花等。一件普通的女装，通过印花工艺处理，在图案的衬托下，可以具有较为强烈的视觉效果。图 5-26 为用印花形式表现的女装图案。

（三）用工艺形式表现

用各种工艺包括抽纱、刺绣、编结、包边、镂空、抽褶、缝合线迹等形成的图案对服装进行美化装饰，可以提高服装的品质和档次，使服装具有高雅、华美、精致的艺术品位。尤其是带有手工工艺的服装，一般耗费时间较长，因此价格不菲。某些传统工艺还有针法之分，结合运用不同的针法，可以表现出层次感、虚实感、厚重感等不同的风格特征。工艺图案应用于现代女装，为女装的艺术化、品质化提供了广阔的发展空间。图 5-27 为用工艺形式表现的女装图案。

图 5-26　用印花形式表现的女装图案　　　　图 5-27　用工艺形式表现的女装图案

（四）用手绘形式表现

手绘是指用毛笔或其他工具调和染料，在服装上直接把所要的图案绘制出来，然后经过高温固色定型，使图案固定在服装上。因此，手绘形式相对比较自由，可以根据个人喜好和设计要求画出适宜的图案。

（五）用拼贴手法表现

用拼贴手法表现图案是将图案形象剪贴拼接，然后缝制在服装上的表现手法。这种方法效果简洁明了，装饰性强。拼贴图案有时可用双层面料加少许弹力棉等填料，经过锁边缝制，再加以装饰线迹，可以呈现出浮雕的装饰效果。拼贴的面料与服装及饰品的面料可以使用同一种材料，也可以用几种材料混合表现，使装饰形象更加丰富别致。图 5-28 为用拼贴手法表现的女装图案。

图 5-28　用拼贴手法表现的女装图案

第六章
女装细节设计

女装细节设计可以使女装功能更合理，并且从形式美法则上来看，好的细节设计能增加女装的形式美，从女装细节设计中还能看出当季的流行元素。同时，细节设计的好坏，也是服装设计师能力的体现。就现阶段而言，女装的廓形设计已经基本形成规律，而细节设计却是千变万化的，足以体现设计师的想法。设计师在细节设计中可以寻找突破口，使设计独具匠心。本章将介绍女装细节设计的相关概念、分类及设计方法，探究细节设计为服装提供的价值感与设计感，让细节更具品质和个性。

第一节　女装细节设计的相关概念

一、女装细节设计的含义

女装细节设计也就是女装的局部造型设计，是指女装廓形以内的零部件的边缘形状和内部结构的形状。如领子、口袋、裤袢等零部件和衣片上的分割线、省道、褶裥等内部结构，均属于女装细节设计的范围。在女装廓形确定后，可以有很多种设计方法，特别是细节设计，通过内部构成的不同，分割装饰线的不同，可以设计出很多不同感觉的女装，例如带细褶的领子、立体造型的贴袋、夸张的拉链装饰、女装腰部的抽绳设计等。

二、女装细节设计的原则

（一）工艺上可行

女装细节设计必须遵循工艺上可行的原则。女装细节因其面积相对较小，在工艺实现上与服装廓形有较大区别。在女装工艺上，小细节往往更加难做，一些大的廓形反而更好实现；在细节面积一致的情况下，简单的细节易实现，复杂的细节难落地。尽管有些复杂的细节可以在工艺上实现，但是由于大部分服装细节是依靠手工操作完成的，过于复杂的手工操作在大批量生产时难以达到一致性，将成为影响服装品质的隐患。

（二）控制生产成本

女装细节设计的另一原则是控制生产成本。在女装成衣制作过程中，任何一个细节都会增加服装的生产成本。比如多装一条拉链、多开一个口袋、多加一个褶裥，哪怕是多一条分割线，都会增加服装的成本，而成本的增加可能会使产品在市场上失去价格优势。因此，设计师在增加一个细节设计之前，首先应该考虑这个细节是否会影响服装风格，是不是这一风格所必需的，如果是必需的，可以加上；如果不是必需的，就要省略那些与服装风格无关甚至会破坏服装风格的细节。

（三）发挥女装的功能性

发挥女装的功能性也是女装细节设计的原则之一。设计的最终目的是人，需要符合人体结构，适合穿着。女装设计的目的很多，因品牌而异、因品种而异、因用途而异、因季节而异。女装的许多功能往往通过细节设计而实现，比如领口的扣紧设计可以达到防风功能、口袋的多层设计可以满足储物功能、衣身的图案设计可以完成审美功能。由于服装的本质是日常生活用品，其使用功能不可避免地受到重视，所以在很多情况下，设计师不能仅仅为了美观而增加细节设计。

三、影响女装细节设计的主要因素

（一）女装的功能

女装的功能性对部件设计的影响非常大。服装的许多部件都是强调功能性的。比如，冬季毛衣的领子一般都比较高，能很好地包裹住人体的颈部，达到保暖的效果；而夏装的领子则相对低一点，颈部暴露的居多。从功能性角度来讲，冬装要求暖和，所以领子包裹性要好；而夏装要求凉爽，则领部需要透气。在职业装的设计中，就更要强调细节的功能性了。比如，高空作业人员的服装，其口袋设计一般都具有极强的储物功能，以便于携带各种工具。所以设计师要充分根据服装的功能来设计部件。

（二）辅料

服装辅料的种类丰富，比如常用的绳带、纽扣、搭襻、拉链、挂件、标牌等。在女装细节设计中，如何灵活运用辅料，也是一个设计重点。而且，大多数辅料天生就带有一定的功能性，比如闭合功能、储物功能、挡风功能等。这些辅料都会影响细节设计，要在合适的范围内，通过对设计的把握选择适合的服装辅料。女装设计中，在兼顾部件实用功能的同时，许多辅料越来越强调装饰功能，恰当地将辅料结合到局部造型中去，才会取得非常美妙的设计效果。图6-1为常见的女装辅料。

（三）制作工艺

制作工艺对女装部件的影响也很大，不同的制作工艺可以使相同的女装部件产生截然不同的外观效果。这里的制作工艺包括两方面：一是面料本身的加工工艺，随着高科技手段在面料设计中的运用，各种新颖材料不断出现，很大程度上拓宽了服装部件的可变化性；二是服装的加工工艺，伴随着各种特殊机械使用，服装的加工方法和工艺手段也越来越新颖和严谨，使得女装部件设计有了更大的发挥空间。制作工艺的可实现性决定了某些细节设计构思是否可以采用。图6-2为不同制作工艺的女装细节。

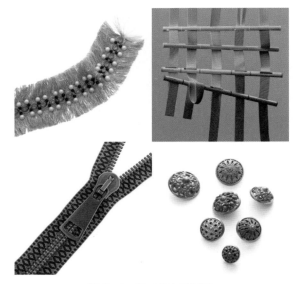

图 6-1　常见的女装辅料

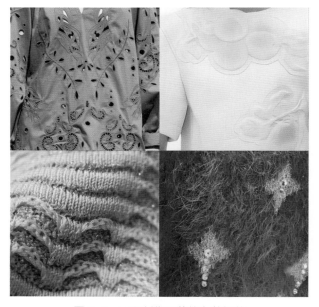

图 6-2　不同制作工艺的女装细节

（四）视觉中心

　　有创意的细节设计会具有一定的视觉冲击力而形成视觉中心。当细节成为女装的视觉中心时，其往往在造型、材质、工艺、结构等方面比较有特色，此时的细节设计更要考虑艺术性与技术可实现性的完美结合。恰到好处的部件视觉中心可以增添设计的审美意味，调整设计效果。当女装中另有其他视觉中心时，部件的设计就要考虑不要太夸张、太显眼，以免喧宾夺主，弱化原本的视觉中心。

（五）结构设计

中国传统的女装造型多为平面结构，而现代女装根据人体结构，多数为立体结构。比如不同结构的袖型，与人体间的空间贴合状态是不同的：平面结构的衣袖造型比较简单；而立体结构的袖型廓形多变，与人体贴合程度也比较好，而且袖型变化丰富、可观看性强。使用什么样的结构设计，对女装细节设计造型会有一定的影响。

（六）设计趣味

女装细节设计相对服装廓形而言，受结构设计的限制会少一些，因此，细节设计经常会采用一些比较有趣的设计构思和设计手法，从而使细节设计较有创意，有一定趣味性。比如，少女装上的口袋造型经常会采用一些趣味设计，比如设计成动物头部的造型或者其他比较具象的物体的造型。受趣味设计要求的影响，比较有设计趣味的部件在造型、材质、色彩、工艺等方面一般也会有特殊的要求。

第二节　女装细节的分类设计

一、衣领

衣领是女装至关重要的部分，因为接近人的头部，衬托人的脸部，所以自然会形成一个视线集中的焦点。精致的衣领设计不仅可以美化女装，而且可以修饰人的脸部。衣领的设计极富变化，式样繁多，通过领型的改变，可以使女装具有全新的视觉效果。衣领大致可分为连身领、装领和组合领三种。

（一）连身领

连身领是指与衣身连在一起的领子。连身领相比其他领型更简洁、含蓄，其中包括无领和连身出领两种类型。

1. 无领

无领简单来说就是在衣身上没有加上装领的领子，其领口的线型就是其女装设计中的领型。无领是领型中最为简单、最为基础的一种，以丰富的领围线造型作为领型。领型保持服装的原始形态或者进行装饰变化和不同的工艺处理，简洁自然，展露颈部优美的弧线。无领设计一般用于夏季女装、内衣、晚礼服以及休闲T恤、毛衫等的设计。虽然无领设计比较简单，但在设计时却很考验设计师的审美品位与设计功底。无领设计在女装领口与人体肩颈部的结合上要求很高，领线太低或太松在低头弯腰时容易暴露前胸，领线太高或太紧又会让人感觉不舒服。因此，无领设计一定要注意其高低松紧的尺寸问题。通常的无领主要有圆形领、方形领、V形领、船形领、一字领等几种领型。图 6-3 为女装中的无领设计。

图 6-3　女装中的无领设计

2. 连身出领

连身出领是指从衣身上延伸出来的领子，从外表看像装领设计，但没有装领设计中领子与衣身的连接线。它是把衣片加长至领部，然后通过收省、捏褶等工艺手法做出与领部结构相符合的领型。连身出领的工艺结构有一定的局限性，为了符合人体脖子部位的结构，就需要加省或褶裥，而且还要考虑面料的舒适性。

（二）装领

装领是指领子与衣身分开单独装上去的衣领。为了使女装整体看上去不那么零碎，装领一般采用与衣身相同的材料。有时为了丰富视觉设计效果，也会换用别的面料或色彩，或者采取某种工艺手法进行处理。装领一般与衣身缝合在一起，但也有出于某种设计目的而使用按钮、纽扣等与衣身连接的活领。如防风衣或羽绒服上的连帽领，由于其特殊的功能性，很多都是可以脱卸的。

装领的外观形式十分丰富，其外观的表现形式通常有几个决定因素：领座的高度、领子的高度、翻折线的特点以及领外边缘线的造型。前后横开领是领型结构设计的重要部分，决定着领子的合体性。在翻领设计中，翻折线直接决定着领子是否翻得过来以及决定着领子的外观形状。此外，领尖、领面的装饰，领型的宽度等因素对领子也有一定的影响。

根据其结构特征，装领主要可分为立领、翻领、驳领与平贴领四种。

1. 立领

立领是领口围立在脖子周围的一种领型，一般分为直立式和倾斜式，而倾斜式又分为内倾式和外倾式两种。内倾式立领是典型的东方风格立领，中式立领大都属于内倾式，这种立领与脖子之间的空间较小，显得比较含蓄内敛；而欧洲国家则倾向于外倾式，领型挺拔夸张，豪华优美，装饰性极强。

出于服装穿脱的要求，立领都要有开口，开口以中开居多，但也有侧开和后开。开口方式的选择是根据设计要求来决定的，通常侧开和后开立领从正面看更优雅，整体感更强。立领的外边缘形状也很多样化，如圆形、直形、皱褶形、层叠形等。立领的高度也是根据设计要求来的，下巴以下的、齐及耳根的或甚至高过头顶的都有。根据服装风格，设计师可自行调节变化，还可与面料结合，创新出一些新造型。图6-4为女装立领设计。

图6-4　女装立领设计

2. 翻领

翻领是领面外翻的一种领型。除非有设计要求，翻领的领面一般都从外边看不到横向的接缝，后中心视具体情况或设计要求，可以有纵向接缝。翻领有加领座和不加领座两种形式。女士衬衣可自由选择两种形式，加不加领台根据个人喜好或服装风格而定。翻领的外形线变化范围非常大，领角可方可圆、可长可短；领宽可以宽到翻至腰节线，形成夸张的披肩领，也可只保留细细的一条翻折边。翻领可以与帽子相连，形成连帽领，兼具二者之功能，还可以加花边、镂空、刺绣等。翻领设计中特别注意翻折线的形状，翻折线的位置不准确，翻过来的领子就会不平整。图6-5为女装翻领设计。

图 6-5　女装翻领设计

3. 驳领

　　严格地讲，驳领也是翻领的一种，但是驳领多了一个与衣片连在一起的驳头，同通常意义上的翻领相比较又很不一样，而且驳领是使用非常广泛、广为人们所熟悉的领型，所以在女装设计中经常把它单独列出作为一种领型。驳领由领座、翻折线和驳头三部分组成。驳头是指衣片上向外翻折出的部分，驳头长短、宽窄、方向都可以变化，例如驳头向上为枪驳领，向下则是平驳领，变宽比较休闲，变窄则比较职业化。此外，驳头与驳领接口的位置、驳领止口线的位置等对领型都会有很大的影响，不同风格的服装对此有不同的要求，小驳领比较优雅秀气，大驳领比较粗犷大气。驳领要求翻领在身体正面的部分与驳头要非常平整地相接，而且翻折线处还要平伏地贴于颈部，所以制作结构比较复杂。图 6-6 为女装驳领设计。

图 6-6　女装驳领设计

4. 平贴领

平贴领是一种仅有领面而没有领台的领型，整个领子平摊于肩背部或前胸，故又叫趴领或摊领。平贴领比较注重领面的大小、宽窄及领口线的形状。为了在装领时使领子平伏以顺应与衣身的拼合线，平贴领一般要从后中线处裁成两片。装领时，两片领片在后中处连接的叫单片平贴领，在后中处断开的叫双片平贴领。当然，也有不裁成两片的，但是要在领圈处收省或抽褶才可以平伏。平贴领的变化空间也很大，设计师完全可根据款式需要而定，可拉长或拉宽领型，可加边饰或蝴蝶结、丝带，还可处理成双层或多层效果等。平贴领是一种可以为设计师提供广泛创意空间的领型。图6-7是女装平贴领设计。

图6-7　女装平贴领设计

（三）组合领

除了上面几种领型外，在实际设计中，领型会有多种变化设计，两种或几种领型可以组合设计，形成独特的新的领型。例如，翻领与立领可组合成为立翻领、军装领，平贴领也可与立领组合成各种装饰领，驳领还可与立领组合而成立驳领，驳领还可以变化成青果领、马面领等。因此，设计师要灵活运用各种领型，根据设计需要进行变化设计，切不可太概念化。

二、衣袖

衣袖也是女装设计中非常重要的部件。人的上肢是人体活动最频繁、活动幅度最大的部分，它通过肩、肘、腕等部位进行活动，从而带动上身各部位的动作发生改变。同时，袖窿处特别是肩部和腋下是连接袖子与衣身的最重要部分，如果设计不合理，就会妨碍人体活动。如袖山过低，将胳膊垂下时就会在上臂处出现太多皱褶或在肩头拉紧；袖山太高，胳膊就难以抬起或者抬起时肩部余量太大，所以要求衣袖设计的适体性要好。同时，衣袖是女装上占较大面积的部件，其形状一定要与女装整体相协调。如果是比较休闲宽松的女装却设计了紧身贴合的袖子，所呈现的整体效果可能就比较差。所以，衣袖设计要讲究装饰性和功能性的统一。

衣袖设计主要可分为袖山设计、袖身设计、袖口设计三部分。

（一）袖山设计

袖山设计是从衣身与袖子的结构关系进行的设计。根据结构关系的不同，可以将袖子分为装袖、连身袖和插肩袖。

1. 装袖

装袖是应用最广泛的袖型，是女装中最为规范的袖子。装袖是衣身与袖片分别截剪，然后按照袖窿与袖山的对应点在臂根处缝合，袖山位置在肩端点附近上下移动。它的特点是根据人体肩部与手臂的结构自然造型，美观合体。装袖的工艺要求比较高，缝合时接缝一定要平顺，尤其在肩端点处，要成一条直线，不能有角度出现。装袖的袖窿弧线与衣身的袖窿弧线在缝制时有一定的技巧，一般装袖的袖窿弧线要大于衣身的袖窿弧线，袖山边缘线要经过"归"的工艺处理，这样做的目的是塑造肩部的造型，使袖型圆润饱满，这通常叫做"袖包肩"。当然，为了款式设计的需要，也可以使用衣身的袖窿弧线大于装袖袖窿弧线的"肩包袖"。不同的设计有不同的装接方法和熨烫要求。装袖一般用于正装，其中西装中用得最多。装袖还可以根据具体情况进行适当的变化。

装袖还可以分为圆装袖和平装袖。圆装袖一般袖山高则袖根瘦，袖山低则袖根肥，静态效果比较好，袖型笔挺。平装袖与圆装袖结构原理一样，但不同的是袖山高度不高，袖窿较深且平直，常常肩点下落，所以又叫落肩袖。平装袖多采用一片袖的裁剪方式，穿着宽松舒适，简洁大方，多用于外套、风衣、夹克之类的设计。图6-8为装袖在女装设计中的运用。

图6-8　装袖在女装设计中的运用

2.连身袖

连身袖是出现最早的袖型之一，是从衣身上直接延伸下来的没有经过单独裁剪的袖型。连身袖原为东方民族所特有，如中国古代的深衣、中式衫、袄的袖子都是典型的连身袖，所以连身袖经常又叫中式袖。此外，日本的和服袖也是较为典型的连身袖。连身袖的特点是宽松舒适、随意洒脱、易于活动，而且工艺简单。由于在肩部没有生硬的拼接缝，所以肩部平整圆顺，与衣身浑然一体，但由于结构的原因，不可能像圆装袖那样结构合体，腋下往往有较多的余量、衣褶堆集。

最初的连身袖是完全平面的形态，随着服装流行的发展和工艺水平的提高，连身袖出现了很多变化形式，在结构上越来越与人体相结合，通过省道、褶裥、袖衩等辅助设计，塑造出较接近人体的立体形态。图6-9为连身袖在女装设计中的运用。

图6-9 连身袖在女装设计中的运用

3.插肩袖

插肩袖是指袖子的袖山向上延伸到领围线或肩线的袖型。一般把袖山延长至领围线的叫作全插肩袖，把延长至肩线的叫作半插肩袖。此外，根据服装的风格特点和设计目的不同，还可将插肩袖分为一片袖和两片袖。插肩袖的造型特点是袖型流畅修长、宽松舒展。插肩袖与衣身的拼接线可根据造型需要自由变化，如直线形、S线形、折线形以及波浪线形等，而且可以运用抽褶、包边、褶裥、省道等多种工艺手法。不同的插肩线和不同的工艺有着不同的性格倾向，如抽褶、曲线、全插肩的设计，显得柔和优美，是非常女性化的设计；而直线、明缉线、半插肩设计，会显得刚强有力，多用在具有中性风格的夹克、风衣设计中。插肩袖设计中所有的变化一定要考虑活动的需要，肩臂活动范围较大的服装，经常在袖下加袖衩。插肩袖多用于运动服、休闲外套、大衣、风衣等的设计，如图6-10所示。

图 6-10 插肩袖在女装设计中的运用

（二）袖身设计

袖身根据肥瘦可分为紧身袖、直筒袖和膨体袖。

1. 紧身袖

紧身袖是指袖身形状紧贴手臂的袖子。紧身袖的特点是衬托手臂的形状，随手臂的运动柔和优美，多用于健美服、练功服、舞蹈服等的设计。在时装类女装设计中，多用于毛衫、针织衫的设计。紧身袖通常使用弹性面料，如针织面料、尼龙或加莱卡的面料。紧身袖一般是一片袖设计，造型简洁，工艺简单。图 6-11 是紧身袖在女装设计中的运用。

2. 直筒袖

图 6-11 紧身袖在女装设计中的运用

直筒袖是指袖身形状与人的手臂形状自然贴合、比较圆润的袖型。直筒袖的袖身肥瘦适中，迎合手臂自然前倾的状态，既便于手臂的活动，又不显得烦琐拖沓。直筒袖往往都是两片袖，由大小袖片缝合而成，有的还在袖肘处收褶或进行其他工艺处理，以塑造理想的立体效果。女装设计中直筒袖多用于经典或优雅风格的女装设计，如职业装、风衣等，如图 6-12 所示。

3. 膨体袖

膨体袖是指袖身膨大宽松、比较夸张的袖子。膨体袖的袖身脱离手臂，与人体之间的空间较大，其特点是舒适自然、便于活动。膨体袖多用于运动服、休闲女装等。

图 6-12　直筒袖在女装设计中的运用

　　膨体袖在功能服以及前卫风格的服装中多有运用，在少女装中使用也比较多。膨体袖可分别在袖山、袖中及袖口等不同部位膨起，如灯笼袖、泡泡袖、羊腿袖等。多采用柔软、悬垂性好、易于塑形的面料。图 6-13 为膨体袖在女装设计中的运用。

图 6-13　膨体袖在女装设计中的运用

（三）袖口设计

袖口设计是衣袖设计中一个不容忽视的部分。人体中手的活动最为频繁，所以袖口虽小，却非常引人注意。袖口的大小、形状等对袖子甚至服装整体造型有着至关重要的影响。同时，袖口具有很强的功能性，如工装的袖口既要方便穿脱，又不能太松散而影响工作；对于舞蹈演员来说，舞蹈服的袖口则不能收紧，以便配合舞蹈动作时袖子可以挥动自如；袖口还有保暖功能，所以冬装中经常使用收紧式袖口。

袖口的分类方法也很多，一般按其宽度分为收紧式袖口和开放式袖口两大类。

1. 收紧式袖口

收紧式袖口是指在袖口处收紧的袖子。这类袖口一般使用纽结、袢带、袖开衩或松紧带等将袖口收起，具有利落、保暖的特点，在衬衫、工装以及冬装中使用得比较多。

2. 开放式袖口

开放式袖口就是将袖口呈松散状态自然散开。这类袖口便于穿脱及活动，具有洒脱灵活的特点。风衣、西装多采用这种袖口，而且很多袖口还敞开呈喇叭状。

无论是收紧式袖口还是开放式袖口，都可以根据位置形态变化分为外翻式袖口、克夫袖口和装饰袖口等。图6-14为收紧式袖口及开放式袖口设计。

图6-14　收紧式袖口（左）及开放式袖口（右）设计

以上为常见的袖子分类形式。此外，袖子还可根据长短分为长袖、七分袖、中袖、短袖以及无袖；或从裁剪方式上分为一片袖、两片袖、三片袖等。女装的种类繁多，花样多变，不同的穿着目的对袖子会有不同的要求，这就要求设计师在进行设计时要根据具体情况灵活运用各种袖型。另外在设计袖子时，一定要注意不同人的体型特点。人的肩型有正常肩型、平肩型和溜肩型，并不是所有的袖型都适合每一个人。如溜肩的人不适合穿插肩袖，因为这样会让人觉得肩部更下塌；如果穿着装袖或在肩部加垫肩，则会抬高肩线，增加力度感。

同时，根据每年的流行趋势与女装的不同风格，对袖子设计也有不同的要求。一般来说，衣身紧身合体的服装，使用装袖较多；衣身宽大松散，使用插肩袖和连身袖较多。而且，衣身越瘦，袖窿深度越浅，袖子越瘦，反之亦然，这样就会在视觉上感觉比较统一和谐。袖子的组合形状也很多，如郁金香袖、马蹄袖等，类似插肩的包肩袖、连领袖，介于插肩和装袖之间的露肩袖等。

所以在具体设计时，设计师要根据情况灵活设计，不同的袖山与袖身、袖口或者不同长短的袖子与不同肥瘦的袖子交叉搭配，就会变化出多种多样的袖子。

三、口袋

在女装的部件设计中，与领子、袖子设计相比，口袋可以算是比较小的零部件。口袋的设计在结构上相对比较灵活。口袋的尺寸依据是手的尺寸，因为口袋的功能就是为了放置一些小物品。对于某些功能服装来说，口袋的功能性是需要特别强调的，如一些工作需要有结实的大口袋来装一些物品，在设计这种服装时，就要首先考虑口袋的功能性。此外，同其他任何部件一样，口袋也有装饰功能，口袋设计得合理，可以丰富服装的结构，增加装饰趣味。

由于设计较为随意，口袋的变化就更为丰富，位置、形状、大小、材质、色彩等可以自由搭配。但是口袋的造型特征也很明显，不同或相同的口袋经过不同搭配，可以改变服装的风格，所以在设计时一定要注意与服装的整体风格相统一。例如，服装整体廓形为直身形，口袋以棱角分明的直线形为佳；口袋上缉明线会给人休闲随意的感觉，所以缉明线的口袋一般不会用在职业装上。另外，条纹或格子面料女装上的口袋还要考虑对条、对格的问题。

根据口袋的结构特点，口袋主要可分为贴袋、暗袋、插袋、里袋、复合袋等。设计时要注意袋口、袋身和袋底的细节处理。

（一）贴袋

贴袋是贴附于服装主体之上、袋型完全外露的口袋，又叫明袋。根据空间存在方式，贴袋分为平面贴袋和立体贴袋；根据开启方式，分为有盖贴袋和无盖贴袋。因为受工艺的限制较小，贴袋的位置、大小、外形变化最自由，但同时由于其外露的特点，也就最容易吸引人的视线。贴袋的设计更要注重与服装风格的统一。贴袋的设计特点一般倾向于休闲随意，所以在成人装中多用在休闲装、工装的设计中。图6-15为贴袋在女装设计中的运用。

图 6-15　贴袋在女装设计中的运用

（二）暗袋

暗袋是在服装上根据设计要求将面料挖开一定宽度的开口，从里面衬以袋布，然后在开口处缝接固定的口袋，又叫挖袋或嵌线袋。暗袋的特点是简洁明快，从外观来看，只在衣片上留有袋口线。袋口一般都有嵌条，根据嵌条的条数，可把暗袋分为单开线暗袋和双开线暗袋两种。暗袋多用在正装中，特别是西装中暗袋几乎就是不可缺少的部件，西装中的手巾袋都是单开线暗袋，嵌线宽度一般在 2.5cm，大袋则根据实际情况决定使用单开线还是双开线，一般单开线嵌线宽度为 0.8cm，双开线为 0.5cm。

图 6-16 为暗袋在女装设计中的运用。日常生活中也有便装使用暗袋，如运动装、休闲外套的口袋，感觉比较规整含蓄。暗袋也可分为有盖暗袋和无盖暗袋。

（三）插袋

从原理上讲，插袋也是暗袋，因为插袋也是隐藏在里边，在工艺上与暗袋相似，不同的是插袋口在服装的接缝处直接留出而不是在衣片上挖出。插袋的隐藏性好，与接缝浑然一体，更为含蓄高雅、成熟宁静，多用在经典成衣中。有时出于设计需要，故意在袋口处做一些装饰，如线形刺绣、条形包边等，以丰富设计，增加美感。由于插袋在接缝处，所以制作时要求直顺、平伏，与接缝线成一直线。图 6-17 为插袋在女装设计中的运用。

图 6-16　暗袋在女装设计中的运用　　　　图 6-17　插袋在女装设计中的运用

（四）里袋

里袋就是衣服里子上的口袋，是服装上最具隐蔽性的口袋。里袋在许多服装上经常使用，如夹克、西装、风衣、马甲等。里袋最初完全是为了实用功能而设计的，可以装一些随身携带的比较重要的小物品，比如钱包、钥匙。后来，随着人们对于服装内外品质的要求更高，对里袋设计也有了较高的审美要求。如西装的里袋经常使用暗袋的开线设计，外观平整，还会装有三角形或锯齿形的小袋盖。夹克、风衣的里袋则形式多样，开线、拉链、粘扣、按钮等均可使用。

（五）复合袋

复合袋是几种袋型在一个部位集合出现形成的口袋。以上讲到的仅是口袋的几种基本类型，其实在生活中，口袋的种类非常多，实际设计时可将多种袋型综合搭配，就能创造出许多款式别致、富有新意的复合袋设计。如将大贴袋中加入暗袋设计，将插袋上加上贴袋设计等。复合袋兼具几种口袋的特点，其功能性和审美性更好。

四、连接件

连接件是在服装上起连接作用的部件，如纽扣、绊带、拉链、粘扣、绳带等，功能性和装饰性是服装所有配件的特性，所以连接件设计要满足实用功能和审美功能。从女装的功能性角度讲，连接件设计十分重要，大多数服装都是需要闭合穿着的，如冬装需要扣紧才会保暖挡风，职业装闭合穿着才会让人觉得严谨。此外，连接件设计的审美功能也不可小觑，连接件设计精巧可以提升服装整体造型的美感，设计粗糙则会影响服装观感。最常用的连接件设计主要包括纽结设计、拉链设计、粘扣设计以及绳带设计。

（一）纽结

纽结包括纽扣、襻带等。纽结在女装设计中也有较为重要的作用，如连接、固定作用，功能性较强。此外，纽结在服装上常处于显眼的位置，还有装饰作用。

纽结是重要的配件，可以装饰和弥补体型的缺陷。如在腰部加个纽扣，可调节衣身的宽松度，如果将其扣上，就有收腰作用；肩襻的设计可给人以肩宽魁伟的感觉，弥补窄肩、溜肩的不足；下摆运用襻带，可以调节下摆松紧；袖口使用襻带可代替袖克夫或起装饰作用。此外，袋边等部位都可以使用襻带。襻带可设计成各种几何形状，可根据不同的面料、色彩和季节的服装进行合理搭配。

（二）拉链

拉链是现代女装细节设计中的重要组成内容，是服装常用的带状连接。拉链主要用于服装门襟、领口、裤门襟、裤脚等处，也用于鞋子、包袋等的设计中，用以代替纽扣。如皮革服装、运动装、羽绒服、皮靴等的设计中几乎离不开拉链的使用，否则将会影响服装的机能和品质。服装上使用拉链可以省去挂面和叠门，也可免去开扣眼，可简化服装制作工艺，还可以使服装外观平整。

拉链的种类非常繁多，从材料上看，拉链有金属拉链、塑料拉链、尼龙拉链之分。金属拉链经常用于夹克衫、皮衣、旅游装；塑料拉链多用于羽绒服、运动服、针织衫等；尼龙拉链则较多用于夏季服装、贴身内衣等。根据在服装上是否暴露，拉链还可以分为明拉链和隐形拉链。明拉链多用于风格粗犷的服装中；隐形拉链多用于风格细腻含蓄、轻巧纤柔的服装中。从式样上看，拉链可以一端开口，也可以两端开口，可以将拉链头正、反两面使用，还可以有粗细、形状的不同变化。

（三）粘扣

粘扣通常又叫子母扣或搭扣，是在需要连接的服装部位两边配对使用的带状连接设计。粘扣由钩面带与圈面带组成。其中一根带子的表面布满密集的小毛圈，另一根带子表面则是密集的小钩。使用时，将两面轻轻对合按压即可粘在一起，且结合较为紧密。粘扣的闭合与拉开比较方便，常代替拉链和纽扣用于服装的门襟、袋口及手套、包袋等的连接处，而且表面整洁平实，看不到任何连接痕迹表面。粘扣的宽度、规格、色彩都较多，设计师可根据设计需要自由选用。

（四）绳带

绳带是服装上经常使用的扁平带状连接件，常用于腰头、裤脚口、袖口、下摆、领围以及帽围等处。常用的绳带有带有弹性的松紧带、罗纹带以及各种没有弹性的尼龙带、布带等。带有弹性的松紧带、罗纹带伸缩性大，经常用在运动服、练功服的裤脚口、袖口处起收紧作用，还可变换颜色、花纹用于内衣、袜口起装饰作用，既美观又舒适。没有弹性的尼龙带、布带等经常用于下摆、领围及帽围，通过系扎将需要的部位收紧，这种绳带经常在绳带头处系结或钉珠子及其他小物品，既可防止绳带从服装上抽掉，又具有一定的装饰作用。绳带的材料、宽度、长度以及具体形状种类繁多，可由设计师根据服装自由选用或制作。图6-18为绳带在女装设计中的运用。

图6-18　绳带在女装设计中的运用

五、腰节

腰节设计指的是上装或上下相连服装腰部细节的设计。腰节设计是服装中变化非常丰富的细节设计，腰节的变化可以使服装具有完全不同的风格，因此，在女装设计中腰节设计尤为重要。腰节设计除了采用省道设计以外，还有许多种设计手法。如进行收腰设计时，可以使用褶裥设计、抽褶设计或使用松紧带、罗纹带设计，或通过绳带设计在腰部系成蝴蝶结或其他花结。使用腰带也是腰节设计的重要方法，腰带的色彩、长短、宽窄的变化会使腰节变化丰富，如色彩典雅的细腰带配合风格细腻柔和的服装，手工编结的宽腰带则适合风格粗犷自然的服装。在腰节设计中，各种分割线或装饰线也是经常使用的设计手法。分割线可以与省道联合使用，也可以单独使用，还可以与服装上其他部位的设计互相联系。腰节还可以采用没有任何装饰和收腰设计的松散式设计，风格自然洒脱，宽松舒适。腰节设计的方法多种多样，设计师可根据设计要求灵活使用。图6-19为女装的腰节设计。

六、门襟

门襟是服装的"门脸"，是女装设计中非常重要的部位。门襟的设计一定要与女装的风格相统一。门襟的设计方法、制作工艺、装饰手法等非常丰富，因此会有种类繁多的外观表现。

图 6-19　女装的腰节设计

根据服装前片的左右两边是否对称，门襟分为对称式门襟和偏襟。对称式门襟也叫中开式门襟，门襟开口在服装的前中线处。由于人体的左右对称性，大多数服装都使用对称式门襟，比较严谨正式的服装如西装、军装等则必须使用这类门襟。偏襟也叫侧开式门襟，偏襟的设计相对比较灵活，多运用在前卫服装及民族服装设计中。

根据是否闭合，门襟分为闭合式门襟和敞开式门襟。闭合式门襟通过拉链、纽扣、粘扣、绳带等不同的连接设计将左右衣片闭合，这类门襟比较规整实用。从服装的功能性角度讲，服装中的闭合式门襟使用得较多。顾名思义，敞开式门襟就是不用任何方式闭合的门襟，如披肩式毛衣、休闲外套等多使用这类门襟，给人以洒脱飘逸、不拘小节的感觉。

根据制作工艺，门襟分为普通门襟和工艺门襟。普通门襟就是用最基本的制作工艺将门襟缝合或熨平。工艺门襟是通过镶边、嵌条、刺绣等方式使门襟具有非常漂亮的外观。工艺门襟的形状可以富有变化，如曲线形、锯齿形、曲直结合形等。

门襟还可以根据厚度和体积分为平面式门襟和立体式门襟。一般的门襟都是平面式门襟，这种门襟规范严谨，使用范围广泛。将面料层叠、褶裥、系扎或者经过其他工艺手段处理形成一定体积感的门襟则属于立体式门襟。立体式门襟具有较强的艺术效果，多用于表演性服装或前卫、轻快等风格的服装。

七、下摆

下摆指衣、裙最下面的部分，包括上衣下摆和裙摆。下摆设计受人体结构限制相对较少，所以设计自由度比较高，造型的选择也比较多，可以是对称的或者不对称的，可以是圆的、锯齿形的或者其他任意具象形的，只要在结构和工艺上能够实现即可。下摆的长度也有各种变化，造型夸张、修长的大下摆较强的视觉冲击力，比如婚纱的下摆，感觉修长，但同时也会感觉拖沓笨重；造型短小、合体的下摆则感觉活泼利落，比如长及膝盖以上的直筒裙。上衣下摆设计时，其最小尺寸以不能小于人的臀围尺寸为准，要考虑到人体臀部活动的方便性。裙摆设计中则经常会使用一些花色设计，比如使用蕾丝花边、荷叶边、缎带。图6-20为女装下摆的设计。

图 6-20　女装下摆的设计

八、腰头

腰头是与下装直接相连的下装部件，是下装设计的重要部位之一。腰头的宽窄以及形状直接影响下装的外观效果，也是反映下装流行的重点部分。

腰头按腰线位置高低分为高腰设计、中腰设计和低腰设计。高腰设计是指腰头在腰节线或以上部位，高腰设计让人感觉活泼，同时还有将腿部拉长的作用，在少女装中用得比较多；中腰设计让人感觉稳重大方，普通的西装裤、西装裙等都用此设计；低腰设计则显得现代而性感，是前卫时髦的年轻人喜爱的款式。

腰头按是否与衣片连接分为无腰设计和上腰设计。无腰设计是由裤片或裙身直接连裁，在腰节处通过收省或收褶将腰部收紧合体。无腰设计外观感觉规整自然，线条流畅，能充分显露女性优美的腰身。上腰设计是指在裤片或裙身上单独装接腰头，腰头的形状可根据设计要求或个人爱好自由变化形状，如宽窄、曲直，双菱形或单菱形，对称或不对称等，还可以使用纽扣、拉链、抽带等。腰头的具体种类也很多，在设计时可根据需要自由选择。

九、裤腿

裤腿是裤子穿在两腿上的筒状部分。裤腿设计受人体结构的限制比较大，因为人的下肢活动非常频繁，而且经常会有较大的活动幅度，比如跳跃、走路、下蹲这些动作都对裤腿的设计有较高的结构和工艺上的要求。裤腿设计要满足这些动作要求，同时又要满足设计上的审美和创意要求。比如，人体在下蹲时，裤腿不能太紧，裤腿太紧一方面使人体感觉不舒服，另一方面容易造成裤腿侧缝处的缝纫线开裂，使人根本无法下蹲的设计则更不能使用。通常情况下，设计裤腿时要在膝盖处留有足够的放量，如果是非常合体的裤腿，则要求面料有足够的弹性。裤腿的设计受服装风格影响很大。比如休闲裤经常会使用一些夸张造型，如低裆裤、灯笼裤、锥形裤、阔脚裤等，而且会设计一些较大的立体口袋，裤脚口也经常会加一些装饰设计。而优雅风格和经典的裤装大多选择大方的直筒造型或微小喇叭造型，裤脚口也不会使用烦琐造型。设计师要根据要求合理安排裤腿造型。

十、衬里

衬里是服装的里子或衬料，通俗而言，就是用在服装里面的那层面料。有些服装是不需要有衬里的，比如夏季服装为了凉爽而仅为单层面料，但是大多数外套类服装需要有衬里。首先，衬里可以令服装具有挺括感和整体感，可以遮掩里面不需要露出的缝份、线头、毛边等，提高服装的外观品质。其次，有衬里的服装便于穿脱。此外，有衬里的服装因为多了一层里料而相对比较保暖，对于絮料的服装来说，衬里还可以包裹絮料。衬里可选用全棉、真丝以及化纤等材质。不贴身穿的服装衬里大多使用化纤材质，手感光滑，布面平整。比如，休闲装、运动装经常使用透气性好的经编涤纶网眼布，西装、大衣、套装常用美丽绸、羽纱、尼龙绸作衬里。贴身穿的服装则常用全棉和真丝作衬里。衬里材质的选择要注意质地厚薄、色彩、性能价值等与面料相匹配，缩水率要与面料尽可能相当，在衬里结构设计时可预缩或留出缩水余量，这样洗涤之后，底边才不会出现起吊、起皱等现象。当前，衬里的设计呈现出越来越复杂的趋势。一件服装的衬里不仅可以使用不同材料，而且因此而增加了拼接缝，工艺上也颇为讲究，而且衬里的功能也因增加了细节而复杂起来，如手机袋、防盗钱袋等。

十一、装饰

（一）分割线

分割线又叫开刀线。分割线的重要功能是从造型需要出发，先将服装分割成几部分再缝合成衣，以求适体美观。分割线在女装造型中有重要的价值，它既能构成多种形态，又能起装饰和分割形态的作用；既能随着人体的线条进行塑造，又可不同于人体的一般形态而塑造出新的、带有强烈个性的形态。因此，由裁片缝合时所产生的分割线条，既具有造型特点，也具有功能特点，它对女装造型与合体性起着主导作用。

分割线通常分为三大类：装饰分割线、结构分割线和结构装饰分割线。

1. 装饰分割线

女装中的装饰分割线是指为了服装造型的视觉需要而使用的分割线，附加在服装上起装饰作用。分割线所处部位、形态和数量的改变会引起服装视觉效果的改变。在不考虑其他造型因素的情况下，服装中线构成的美感是通过线条的横竖曲斜、起伏转折以及富有节奏的排列方式来表现的。女装大多采用曲线形分割线，外形轮廓线也以曲线居多，显示出活泼、秀丽、柔美的韵味。单一分割线在服装某部位中所起的装饰作用是有限的，为了塑造较完美的造型以及迎合某些特殊造型的需要，增添分割线是必要的。如后衣身的纵向分割线，两条就比一条更能使腰身合体，形态自然。但分割线数量的增加易导致分割线的配置失去平衡，因此，数量的增加必须保持分割线整体的平衡感和韵律感，特别是水平分割线要讲究比例美。

2. 结构分割线

结构分割线是指具有塑造人体体型以及加工方便特征的分割线。结构分割线的设计不仅要展现款式新颖的服装造型，同时要考虑实用功能性的要求，如突出胸部、收紧腰部、扩大臀部等，使服装能够充分塑造人体曲线之美，并且尽量做到在保持造型美感的前提下，最大限度地降低成衣加工过程的复杂程度。以简单的分割线形式最大限度地显示出人体轮廓的重要曲面形态，是结构分割线的主要特征之一。例如，背缝线和公主线可以充分显示人体的侧面体型；肩缝线和侧缝线则可以充分显示人体的正面体型。此外，结构分割线还有代替收省的作用，同时以简单的分割线形式取代复杂的塑形工艺。如公主线的设置，其分割线位于胸部曲率变化最大的部位，上与肩省相连，下与腰省相连，通过简单的分割线就把人体复杂的胸、腰、臀部的形态描绘出来。

3. 结构装饰分割线

以上两种分割线相结合，形成了结构装饰分割线。这是一种处理比较巧妙、能同时符合结构和装饰需要的线型，将造型需要的结构处理隐含在对美感需求的装饰线中。相对前两种分割线而言，结构装饰分割线的设计难度要大一点，要求要高一点，因为它既要塑造美的形体，又要兼顾设计美感，而且还要考虑到工艺的可实现性，对工艺有较高的要求。

（二）褶

褶是女装结构线的另一种形式，它将布料折叠缝制成多种形态的线条状，给人以自然、飘逸的印象。褶在女装中运用十分广泛，衬衫、连衣裙以及各式半裙都可运用褶的设计。在服装设计中，为了达到宽松的目的，常会留出一定的余量，使服装有膨胀感，便于活动。同时，这样还可以弥补体型的不足，也可作为装饰之用。打褶的位置、方向、数量不同，即使同样的打褶手法，也会显示出不同效果。根据形成手法和方式的不同，褶可分为两种：自然褶和人工褶。

1. 自然褶

　　自然褶是利用布料的悬垂性以及经纬线的斜度自然形成的未经人工处理的褶。自然褶是立体设计中经常出现的褶，把面料直接披挂于身上，或者裁成衣片再在某处缝合或系扎，利用面料的自然属性取得褶的造型效果。自然褶的皱褶起伏自如、优美、流畅，而且还会随着人体的活动产生自然飘逸的韵律感。自然褶中最典型的代表是圆台裙，在腰部裁成合体的形状，让其余的面料自然下垂，就会形成自然褶，底摆越大，皱褶就会越多，飘逸感也越强；反之，底摆越小，皱褶也会越少，飘逸感随之减弱。由于自然褶自然下垂、生动活泼，具有洒脱浪漫的韵味，所以在女装中使用频率较高，多运用在胸部、领部、腰部、袖口等处，如领子的涡状波浪造型、胸围线以下的皱褶处理、晚礼服上层叠的曲线底摆等。由于自然褶会形成许多平面结构设计中意想不到的美妙效果，所以许多设计师在进行设计时都热衷于使用自然褶。图6-21为女装中的自然褶。

图6-21　女装中的自然褶

2. 人工褶

　　（1）褶裥。人工褶中最有代表性的是褶裥。褶裥是把面料折叠成多个有规律、有方向的褶，然后经过熨烫定型处理而形成的。因为经过人为的加工折叠，所以褶裥具有整齐端庄、大方高雅的感觉，多用在职业套装以及其他种类的正装中。根据折叠的方法和方向不同，褶裥可分为顺褶、箱式褶、工字褶、风箱式褶。通常情况下，褶裥都是垂直排列的，当然，根据不同的设计目的也可倾斜排列或水平排列。褶裥根据缝合方式不同可分为明线褶和暗线褶、活褶和死褶。明线褶多从装饰性方面考虑，经常用在休闲女装或礼服中。暗线褶隐蔽性较好，外形美观。活褶易于活动，而且还可以与条纹印花面料本身的特色配合使用，使褶裥闭合与打开时产生不同的图形效果，形成富有层次的视觉效果。此外，褶裥还有宽窄之分，有时一件服装上只有几条褶裥，每条褶裥都较宽，自然舒展；有时可能会有几十甚至上百条褶裥，褶裥窄小细密，比如我们最熟悉的百褶裙。在具体设计时，要善于灵活搭配不同的褶裥，如宽褶与窄褶交错、活褶与死褶并用，如此可以加强设计的韵律感，取得饶有情调的设计效果。图6-22为褶裥在女装设计中的运用。

图 6-22　褶裥在女装设计中的运用

　　在女装设计中运用褶裥一定要注意面料的选用，以选用定型性较好、耐压耐烫的面料为宜，否则褶裥不易定型或者经过熨烫就会起皱或断裂，从而影响设计效果。褶裥的使用还可以掩盖形体缺陷，比如瘦高的人穿带有褶裥的裙子，由于褶裥的扩张性可能使人显得胖一点，而矮胖的人则不宜穿这种服装。

　　（2）抽褶。抽褶也是经常用到的人工褶。抽褶有不同的形成方式：用缝纫机缝上大针脚，然后将缝线抽紧，布料自然收缩形成皱褶；或者将有弹性的橡皮筋、带子等拉紧缝在布料上，自然回弹时布料抽紧形成皱褶。从某种程度上来说，抽褶有一些自然褶的韵味，因为在人为加工过程中抽褶表现出来的形态有时是不以人的意志为转移的。抽褶还有一种形成方式就是将长度不同的面料进行缝合，缩缝出细碎的小皱褶。这种方式在缝合时就已经加入了人为的控制，相对而言，人工的味道更浓一些。因为处理手法介于人工和自然之间，所以抽褶比较整齐、有规律，比褶裥灵活柔软、典雅细腻。可以使用抽褶的位置非常多，领口、袖口、裙边、前胸、腰部、袖克夫等均可使用，中间抽褶、单边抽褶或双边抽褶等形式不一，灯笼状、喇叭状等形状随心所欲、自由变换。抽褶也可以掩饰人的体型缺陷，比如利用其蓬起性在胸部进行装饰，可以使形体偏瘦的女性看上去更为丰满。图6-23为抽褶在女装设计中的运用。

　　（3）堆砌褶。堆砌褶是一种面感和体感较强的人工褶，它利用衣褶的堆砌在服装上形成强烈的视觉效果。服装中运用堆砌褶的部位一般都会成为视觉中心。堆砌褶对服装材料的表现效果影响很大，可以在面料上形成很好的肌理效果，很大程度上可以说是对服装材料的再创造。在人台或模特身上进行立体设计时，设计师可以直接拉扯面料在某一部位进行旋转缠绕或交叉缠绕。

衣褶根据情况可平行堆砌、螺旋式堆砌或呈放射状堆砌，可单层堆砌也可双层堆砌，还可不断改变其间距以寻求变化，这样就会使得原本单调的面料富有层次，平添韵味。这样形成的堆砌褶又叫牵拉褶。还有一种典型的堆砌褶的构成形式就是在原本平面的服装上层层堆砌褶构成元素，如在某一部位大量堆砌手工绢花、缝扎成褶的配件等。堆砌褶常用在晚礼服或婚纱设计中，一般使用较为柔软华丽的面料，让人感觉典雅高贵、精致华美（图6-24）。

图6-23　抽褶在女装设计中的运用

图6-24　堆砌褶在婚纱礼服中的运用

（三）蕾丝

蕾丝是一种网眼组织，最早由人工用钩针手工编织，欧美人在女装特别是晚礼服和婚纱上用得很多，18世纪时欧洲宫廷和贵族男性在袖口、领襟和袜沿也曾大量使用。蕾丝的织法通常是在已经准备好的织物上以针引线，按照设计要求进行穿刺，通过运针将绣线组织成各种图案和色彩，这些图案或抽象或古典优雅，成为服装上引人注目的设计元素。现在已有很多种类的机织蕾丝。蕾丝作为自古以来重要的服饰语言，有着丰富的文化内涵。蕾丝可以作为服装的面料，比如迪奥的黑色和金色蕾丝装、香奈儿纯洁的白色蕾丝裤、阿玛尼的红色窗花图案蕾丝裙。蕾丝服装同样带有强化女性身份角色的意识特征。蕾丝还经常作为一种辅料用于服装的装饰设计，比如用于荷叶裙边的修饰，衬衣上的小巧蝴蝶结以及袖口、领口、裙摆等部位的装饰。此外，蕾丝还是婚纱和内衣上最常用的装饰辅料。使用蕾丝可以使服装显得柔美、性感，富有设计感。图6-25为蕾丝在女装设计中的运用。

图6-25　蕾丝在女装设计中的运用

十二、省道

省道是为了塑造服装合体性而采用的一种塑形手法。人体，特别是女性的人体是曲面的、立体的，而布料却是平面的，当把平面的布披在凹凸起伏的人体上时，两者是不能完全贴合的。为了使布料能够顺应人体结构，就要把多余的布料剪裁掉或者收褶缝合掉，这样制作出来的服装就会非常合体。被剪掉或缝褶部分就是省道，其两边的结构线就是省道线。省道一般外宽里窄，从服装的外边缘线向人体上某一高点收成三角形或近似三角形，外面的叫省根，里面的叫省尖。

省道有很多种，以胸高点为中心，根据收省的位置不同，上装省道主要分为七种基本类型，即腰省、侧缝省（腰肋省）、腋下省、袖窿省、肩省、领省、中缝省，分别以其省根所在位置线命名。近几年，中缝省用得比较多，剪开或不剪开均有。

人体背部虽不如正面那么凹凸有致，但也有一定的曲面，腰部较细，臀部较宽，肩胛处较高，女性尤为明显。按省根位置，背部省道分为背部肩省、背部腰省等。背部省道也可根据造型要求联合使用。

　　在实际设计中，省道的具体形状很多，但都是以上述基本省道进行相应的省道转移得来的。省道转移是服装结构设计中的重要内容，在此，我们不对具体的转移方法进行详述，只以图6-26列举一些经过省道转移的省道的形状。

　　在服装设计中，往往不是某一条省道单独使用，而是两条或两种以上省道联合使用会塑造出更为优美的女性曲线。在现代服装设计中，省道的使用更为讲究，服装设计师们竭尽所能，以更合理的收省方法塑造女性胸部曲线，常常是袖窿省、腋下省与腰省并用。省道收得合理与否是决定服装版型好坏的重要因素。与上装相比，下装省道位置相对比较固定，多集中在腰臀部，所以下装的省道又叫臀位省。根据人的体型特点，需要在腰部、臀部、腹部做适量的省量，使得裙装或裤装在腰部合体美观。在这一点上，男性与女性相同，只不过女性更为明显而已。而且女性臀部丰满、小腹微隆，这导致女下装与男下装省道略有不同，女下装的臀部曲线更为明显，特别是臀部略翘，而男下装则相对挺直。臀位省还有一个重要的功能就是使得下装能够挂于腰部。民国时期的抿裆裤，腰部肥大不收省，所以必须在腰部抿住，否则就会穿不住。在现代社会中，服装讲究简洁实用，许多裙装和裤装都不束腰带，这对臀位省的结构设计会有更高的要求，省量太大不便穿脱，省量太小则容易使服装下坠而在腰上挂不住。臀位省在设计时还可

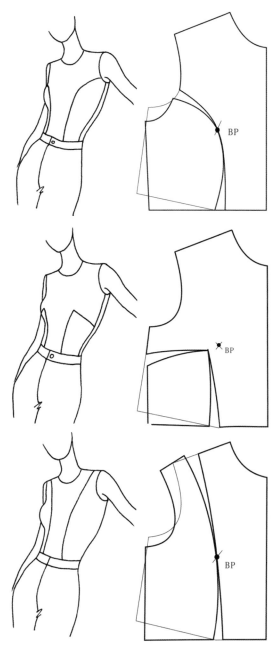

图6-26　不同形式的女装上衣省道转移
BP—胸高点

以与上装联合，如连衣裙与长大衣在腰节线和臀部附近收的省通常也叫腰省。

　　省道缝合时一般向内折暗缝，在服装表面只留有一条平整的缝合线，使服装外形立体美观。在现代服装设计中，省道除了其最基本的合体性功能外，许多设计师把省道设计当成一种变化设计的手法，例如在省道处加嵌条、装饰线或者省道外折等。

第三节　女装细节设计方法

一、变形法

变形法是指对原有局部细节的形状进行变化，即把原有内轮廓作为设计原型进行一些符合设计意图的处理。如扭转、拉伸、弯曲、切开、折叠等处理，原有形状会随之改变。根据女装设计中的原则与方法，把形式美法则及女装设计手法相融合，从这些方法出发，对想深入细节设计的部件进行处理。掌握了造型手法后，新的造型便会源源产生。

二、移位法

移位法是指对设计原型的构成内容不做实质性改变，只是做移动位置的处理。例如在一件女装中，口袋是一个局部造型，在不改变其造型的情况下，将口袋转移到新的位置，这就是在使用移位法进行女装细节设计。如果是一个有袋盖的口袋，在不改变其造型的情况下，将袋盖移动到新的位置，也会产生新的视觉效果。从这个方面来说，移位法简单又有效，关键是要在有限的空间里发现既合情理又有新意的位置。

为了灵活使用移位法，使它施展的空间更大，结果更巧妙，在实际设计中，可结合其他的设计方法和造型方法，这样会使设计更加得心应手。

三、实物法

实物法是指用服装材料在设计过程中直接成型。实物法类似于立体裁剪，但它是有限的立体裁剪或局部裁剪。由于内部造型一般比较小，甚至有些零部件的平面感很强，不需要在人体模型上完成，许多东西可以在平面状态下完成，因此在操作上比外轮廓的直接造型法简单得多。

为了看到真实的设计效果，一些零部件不仅做成1：1大小，而且制作非常精细，完成后放在相应部位。有些局部结构的处理利用绘图软件不易实现，而是在边设计边制作的过程中，随机应变形成的。有些空间转折关系中复杂的局部结构则必须用此法来完成。经过实物法设计或检验的设计结果非常可靠，在空间状态和制作程序方面不会有太大的矛盾。

四、材料转换法

材料转换法是指通过变换原有女装细节的材料而形成新的设计。材料是影响设计风格和效果的重要因素之一，有时我们会看到某些设计中值得借鉴的细节设计的形状或技法等，但是由于其设计要求与目的的差异性不可能直接挪用，就可以通过变换材料的手法，将其运用到新的设计中，形成巧妙的设计。材料转换法是一个形成新设计的简便方法，仅仅通过转换材料就可以形成许多富有新意的设计。

第七章
女装流行分析与应用

服装从诞生起，就在不断地变化与发展着。服装是人类发展史的一面镜子，从宏观上讲，它反映了时代的特征以及经济文化的现状；从微观上讲，它反映穿着者各个方面的细节。

从空间角度看，不同国家、不同地域造就了不同的服饰穿搭，从社会角度看，不同民族、不同宗教信仰、不同生活习惯也造就了服装之间的姿态各异；从时间角度看，不同历史时期的服装也各不相同，每个不同的历史阶段都有着各具时代特色的服饰；从服装本身来讲，也有其产生、发展、繁荣、衰退和消亡等变迁过程。服装的变化千姿百态，在这无穷的变化之中，我们可以发现其规律，如产生变迁的起因规律、导致变迁动态的法则、规定变迁形式的原则、暗示变迁归结的通则等。这些规律可以科学地指导今天的服装设计。

第一节　服装流行概述

一、服装流行的概念

流行是指某一事物在某一时期、某一地区为广大群众所接受、所喜爱，并带有倾向性的一种社会现象。服装流行是在一种特定的环境与背景条件下产生的，是多数人钟爱某类服装的一种社会现象，具有非常明显的时间性和地域性，体现了人们心理上的满足感、刺激感、新鲜感和愉悦感。服装流行是一种客观存在的社会文化现象，是人类爱美、求新、求异心理的一种外在表现形式。

（一）服装流行的层次性

从流行发布的过程可以看出，服装流行本身是有层次的，经历了从国际专业机构到国内专业机构、从专业机构到服装厂商然后到消费者的层层传播，由大到小、从上到下逐层传达。这里服装流行的层次包括两个方面的含义：一是从流行发布者的角度讲，指服装流行的逐层发布；二是从消费者的角度讲，指服装流行在不同层次消费者之间的差异性传播。一般而言，以后者为主。

由于文化素养、经济收入、生活方式、审美情趣等客观条件的制约和影响，不同地区、不同层次的人所接受流行的范围和程度也不同。在这里流行的服装到另一个地方可能会被看成奇装异服而被排斥，在开放程度比较高的大城市流行的服装可能过一段时间才会到达信息相对闭塞的地区，由此造成了流行在传播速度上的层次性。同一地区内，被一部分人接受的服装可能不被另一部分人认可，如流行内衣外穿式的搭配方式，年轻男女、街头嬉皮士可能趋之若鹜，而高级主管、专家学者可能不会问津，由此造成了传播层面上的层次性。

（二）服装流行的传播性

传播性是服装流行的重要特点。传播是流行的重要方式和手段，没有传播就难以有流行。服装流行传播的途径主要有大众传媒、时装表演、展示展览、穿着者之间的相互影响等。

大众传媒是由一些机构和技术媒体所构成的专业化群体，它们通过技术手段向为数众多、各不相同而又分布广泛的公众传播服装流行的信息，将服装的流行传递给有关企业、个人，并快速深入到大众生活中去。

时装表演是流行传播的主要手段之一，消费者能够通过观赏时装表演，直观地了解将要流行的服装趋势和特征。

通过橱窗、商店以及各种时装秀的展示展览是宣传产品、梳理企业形象的重要手段之一，能将服装流行更直观地传递给消费者。

社会名流由于其受公众关注的程度大，所以影响面非常之广，他们的着装很容易被效仿而形成流行现象。

此外，人们之间的互相影响也会带动服装的流行，新的服装流行能引起人们的注意，激发人们的兴趣，并能被迅速地传播与接受。

（三）服装流行的循环性

服装流行从产生到结束都有一个循环往复的过程，只是这种循环不是做终点回到起点的圆周运动，而是在每一个轮回中都加入了符合时代精神的元素，也就是说每一个新的流行周期的出现，都会有更新的理念、更高的境界。比如，以前流行的喇叭裤、阔腿裤近年又开始流行，让人在现在的流行中似乎看到了以前的影子。不同的是，服装的面料、色彩、工艺以及装饰手法与以前已经不一样了。近年来流行的复古风塑造出的是柔和典雅的时代女性，而不是以往单纯的宽袍大袖。只有融合了时代精神的循环才能促进服装的发展。

（四）服装流行的渐进性

服装流行的渐进性是指服装流行是一个循序渐进的过程。服装流行不可能突发、骤起，进而达到高峰期。流行一般是有先兆的，在流行前仔细观察分析就会发现眉目。流行服装最初可能只有少数人穿着，这些人大多是具有超前意识、追赶潮流的年轻一代或是演艺界人士。随着人们模仿心理和从众意识的加强，以及厂家的批量生产和商家的大肆宣传，穿着的人群开始逐渐增多，使得流行进入盛行阶段。

二、服装流行的形式

（一）自上而下的形式

服装流行自上而下的形式是指服装从社会上层向平民百姓流行的形式，是服装流行中较为广泛的流行形式。纵观中外服装史，流行服饰都是先在上层社会中兴起，接着被民间逐步效仿而形成一种流行现象。宫廷贵族、社会名流的着装易被关注与效仿。

一种服装或者穿着方式最初在富商名流间流传，仍然属于上层社会的生活方式，当它流传到平民阶层，并开始被模仿、复制以至普及以后，上层社会便开始寻找新的事物，于是就会有新一轮的流行。

（二）自下而上的形式

服装流行自下而上的形式是指当一种服装首先在平民阶层中产生并普及，然后由于某些亮点特色而被上层社会所采纳。平民阶层的人们在劳作中为了生活方便而创造出一些服装，经过长期使用，人们逐渐认识到它的功能作用，并形成相应的审美经验，从而成为流行趋势，最后被社会广泛接受。与自上而下的流行相比，这种由于其实用性而被认可的服装一旦被接受，会比较稳定。如牛仔服装，最初是由美国西部的淘金热而起，因其耐磨、价廉而深受淘金矿工们的喜爱。后来由于各种文化的交融，牛仔服开始出现在时装中，直至今日，牛仔服已经变成人们衣橱中必不可少的服装单品之一。

（三）平行移动的形式

由于工业化大批量生产的特点以及现代信息社会媒体传播的大众性，服装的流行信息在各个阶层同时传播，设计师或企业利用各种各样的展示会激起消费者的从众心理，使得某种服装迅速以铺天盖地之势向四周蔓延，这就是服装流行的平行移动。平行移动的流行最大众化，也最容易失去流行效应。很多平行移动的流行如昙花一现，在出现不久就走向消亡。

三、服装流行的预测

流行趋势是未来几个月甚至几年内出现的现象，因此，流行趋势存在预测的问题。正确的流行预测会给服装生产厂家指明今后一段时间内的生产方向，会给消费者提示总的服装流行倾向，指导其购物行为，更主要的是，流行预测将给设计师指明设计方向。

（一）流行预测的方法

流行预测并不是随意而为，而是要得到切实可行的结论来指导实践。因此，采用正确的预测方法是非常重要的。

1. 问卷调查法

问卷调查法是指要求被调查者填写调查问卷，从问卷答题中得出结论的方法，是一般调查人员常用的方法之一。这种方法得出的结论比较客观，具有一定的随机性。调查问卷上的问题要求紧扣调查主题，言简意赅，设计问题水平的高低直接影响调查结论的正确与否，问题的数量、范围、答卷人数、层次都会对调查结论产生一定影响。因此，如果不进行仔细设计和分析，将会误导实践。

2. 总结规律法

总结规律法是指根据一定的流行规律推断出预测结果的方法。流行是有规律的，然而流行规律中有许多变量，这些变量会影响预测结果。某些流行预测机构参照历年来的流行情况，结合流行规律，从众多的流行提案中总结出下一流行季的预测结果。这种调查法比问卷调查法省时省力，但带有更多的主观性，因为分析因素过多容易使预测结果与实际情况产生偏差。为了防止出现这种情况，预测机构往往组织许多流行专家共同分析，集体讨论得出最终结果。

3. 经验直觉法

经验直觉法是指凭借个人积累的流行经验，对新的流行做出判断。一些知名女装公司喜欢采用这种方法，执行者常常是这些公司的首席设计师。由于知名女装公司占据了一定的市场份额，有比较丰富的第一手市场资料，其产品也相对定型，风格上不能做太多的变化，因此对一般的流行预测报告没有很大兴趣，仍旧在推行自己的流行路线。

（二）流行预测的步骤

流行预测基本上包括流行研究、流行报告和流行发布三步。

1. 流行研究

流行预测首先要从流行研究开始。纺织企业、服装公司、服装零售业的设计师们必须不断地研究和分析对整个服装流行趋势造成影响的各种事件。流行预测人员必须分析各种相关资讯、调查市场、分析消费者的需求和欲望，了解消费者的各种消费心理和目的，并解决消费者的意见或尚未凸显的问题。从宏观方面来说，流行研究师为了促进纺织业和服装业的发展，促使纺织服装科研、设计、生产、市场、消费一体化，使服装生产和消费的研究进入一个有序发展阶段；从微观方面来讲，流行研究师为了引导消费，指导纺织服装生产厂家获取更大的商业利润。

预测研究工作强调的是预测工作者的感知与实际利用资讯的能力。从女装卖场中获取有价值的讯息，与顾客进行接触是良好的策略，预测研究人员还可以通过各种途径去找寻资料、确认自己的看法，任何时候销售业绩是最能说明流行问题的。流行女装的卖场是获取消费者偏好的一种方式，需要研究销售记录，检查销售动态，注意产品的销售速率以及每个销售阶段所发生的各种变化，同时注意观察竞争对手的运作，通过多种手法分析捕捉促使商品畅销或滞销的因素和特征。

此外，留意流行预测机构所提供的各种自媒体（抖音、小红书、哔哩哔哩等）平台报道、推文、色卡、插画、图片、样本、各类出版物，分析消费群体的价值观与生活形态，注意流行商品、影视文化、科技最新动态以及与生活密切相关的各种流行产品，也是获取流行研究咨询的重要来源。

2. 流行报告

在研究了市场范畴（市场销售量、厂商生产量、热门款、冷门款）以及各种流行因素后，下一步的工作是汇总收集的资料，并将客观事实和感官印象加以分类整理，然后撰写流行报告。流行报告的目的在于为设计师和采购、销售人员提供参考，实现企业的经营目标。

对服装生产厂家和销售企业来说，一份完整的流行报告包括对流行研究所得的分析、流行共性的提取、具体流行要素和流行的量化。主要的流行预测活动分春夏和秋冬两次，每半年提出一份流行报告。流行报告一般在商品销售前半年完成。

对研究的分析是指当流行研究阶段收集整理大量资料之后，流行预测人员对这些资料进行整理归类，并从中汲取有价值的信息。流行共性的提取指的是掌握趋势动向，留意单一元素的重复出现情况，从中发现规律。一份专业的流行报告必须在宏观支配和微观调节之间合理协调，使整体流行与个别风格能够兼容。具体流行要素是流行的实质性内容，对流行趋势的把握能力可以从主体风格、色彩、面料、廓形、细节几方面入手。此外，流行报告中还有一个流行的量化问题，即根据自身的具体情况确定一个季度生产多少个款式、分为几个品类、可搭配情况如何等。

3. 流行发布

女装流行发布是服装流行预测研究的核心内容和最终目标，是将研究结果传达给服装厂商和消费者的手段和媒介。流行发布有着不同的渠道和层次，反映了一定的空间范围程度和流行数量的占有率。因此，对服装流行发布的概念，要有时间和空间条件的相对前提，不同层次、级别的流行发布中反映了不同程度的流行可能性。如国际发布，范围是全世界的，发布的流行可能就是世界性的流行；而公司的发布，则仅仅是针对某一消费群体而已，可能只会在这一类群体之间流行。各个国家和地区在流行发布中，虽然存在着很大的差别，但发布手段大致相同。

按欧洲惯例，流行趋势的信息发布一般分4个层次进行：约提前24个月推出国际流行色；约提前18个月推出色彩及纱线的流行趋势；约提前12个月推出面料的流行趋势；约提前6个月推出成衣流行趋势（各类时装周）。

在流行预测发布中，流行色和纱线的流行发布是以流行色为中心，是由流行专家制定的流行方案，是专家级的流行。纱线和面料流行趋势是以成衣的形式进行宣传的，带有专家的意见，但是由生产商或企业制定流行方案，所以对流行市场更有实际指导作用。成衣流行发布是各企业、设计师围绕促销产品而进行的产品宣传，更容易与市场的流行融为一体。

流行发布的形式各种各样，时装表演、展览会是流行发布的主要手段之一，企业或消费者对于所展示的东西有直观的了解，便于与流行的内容产生心理上的共鸣而使流行发布达到预期目的。

第二节　女装流行资讯的获取

在信息传播迅速的现代社会，获取女装流行资讯的渠道非常多，主要有专业研究机构、时装发布周、各类服装展会、互联网和流行情报杂志、报纸或者服装销售市场。

一、时装发布周

时装发布周是服装设计师主要的流行资讯获取途径。女装有专门的时装周，一般提前半年分春夏与秋冬两季以动态的时装表演形式向传媒与买家展示该品牌女装的最新设计概念。世界上最著名的设计师时装周以巴黎、米兰、伦敦、纽约、东京等城市为代表，其中以巴黎时装周最有影响力。

二、流行时装杂志

流行时装杂志囊括每季国际时装发布和潮流趋势解读，专注于潮流服饰、流行服装、美容美体、护肤彩妆、珠宝配饰、奢侈品、名表、包包等，在互联网未成熟和广泛传播的阶段，时装杂志是传播流行咨询和接收流行资讯的主要渠道之一，杂志内会展示未来几个月或当下正在流行的时装。现如今，流行时装杂志仍是众多服装爱好者、服装从业者会购买的重要参考资料。女装杂志中，比较出彩的有《VOGUE》、《Harper's Bazaar》（时尚芭莎）、《ELLE》、《Marie Claire》（嘉人）、《i-D》、《Cosmopolitan》等。

三、专业展览会

具有影响力的专业展会是获得国际流行资讯的主要渠道。一年中，世界各地要举办许多的展览会和商品博览会，分纱线、面料、服装成品等不同类型。如每年三月在巴黎举办的第一视觉面料展，集中了世界几百家面料公司最新的纺织品纱线和面料主题、色彩和图案的新产品，是以企业界进行交易商谈为主的展示会。此外，我国国内的各种展览会都给设计师和消费者提供流行信息。这些展会以其权威的流行发布，集中展示参展商的服装流行产品，诠释流行的概念和认知（图7-1）。

四、时尚媒体

时尚媒体的内容涵盖广泛，包括时装秀场报道、设计师专访、时尚搭配指南、新品推荐等，能够满足不同读者的需求。它们还通过图片、视频、文字等多种形式呈现内容，使信息更加生动、直观。时尚媒体拥有庞大的读者群体和社交媒体粉丝，其发布的内容往往能够在短时间内得到广泛传播和讨论，他们与受众之间建立起强大的互动性和参与性，而这些互动性和参与性能提升和增强观者的参与感和归属感，同时也为时尚媒体提供了更好的了解消费者需求和喜好的机会。这些媒体机构还与各大时尚品牌、零售商等建立了紧密的合作关系，能够推动时尚趋势的普及和落地。除了提供最新的时尚资讯外，一些时尚媒体还提供了系统学习的资源，如女装时尚课程、设计师专访视频等，帮助读者深入了解女装设计乃至整个时尚行业的各个方面。

图 7-1　服装专业展览会

五、服装市场

　　服装市场是很重要的也是最直接的获取服装流行咨讯的渠道，服装设计师要经常到各类服装市场去看一看什么样的服装市场销售状况比较好，什么样的服装受消费者欢迎，再将市场上流行的服装与流行预测发布的服装做比较，从而获得最接近市场流行的服装流行信息（图 7-2）。

图 7-2　女装零售市场

第三节　女装流行的主题概念

服装流行的预测都是分主题进行和发布的。不同的主题分别有其对应的流行元素，适应不同的服装风格和不同个性的消费者。服装流行的主题大概从以下几个方面提出。

一、年代主题

年代主题是针对历史上某个时期衣着服饰流行的时代背景，结合现代审美，进行有效地提炼和升华，引发人们对那个时代的关注与回忆，满足现代人对过去时代的美好回忆与复古回归的愿望（图7-3、图7-4）。

图7-3　灵感来源于20世纪80年代垫肩的女装设计

图7-4　具有巴洛克风格的女装设计

二、地域主题

在以地域命名的流行主题中，这些地域通常都是带有浓厚地域色彩和风土人情的地区，在人们的脑海中有深刻和独特的印象。如波西米亚风、罗马风主题等，让人一看主题就能联想到服装的款式形象。地域主题是女装流行预测中经常使用的主题（图7-5、图7-6）。

图7-5　具有中东风情的女装设计

图7-6　具有波西米亚风格的女装设计

三、季节主题

季节主题是针对具体季节特点进行设计。对于强调实用性的品牌服装而言，季节主题非常重要，一般都分为春夏和秋冬主题，在具体设计和生产时会根据各地区具体的气候和季节特点有针对性地进行细分。图 7-7、图 7-8 分别为适合春夏和秋冬穿着的女装设计。

图 7-7　适合春夏穿着的女装设计

图 7-8　适合秋冬穿着的女装设计

四、文化主题

文化主题主要来源对于文学作品、哲学观念、审美情趣、传统文化、现代思潮以及社会发展的广泛关注与感悟，如对生活环境的关注、对社会的反思以及对未来的憧憬与困惑等（图7-9）。

图 7-9　以文化为主题的女装

五、事件主题

事件主题是以一些有影响力的大事件作为设计的主题，以此展开流行的概念。事件主题因为事件的不确定性而没有固定的特征和表现形式。

第四节　女装流行的主要内容

服装流行发布基本都是按季节、按主题进行的，而且每一主题的内容基本包括款式、色彩、面料、整体版型、服饰配件、穿着方式等。流行元素发布的形式通常是比较直观的着装真人模特、服装实物、着装效果图或平面款式图，再配以简洁的文字说明，或者是比较抽象或具象的概念版。图7-10为女装流行趋势主题页。

图 7-10　女装流行趋势主题页

一、服装款式

流行款式是指流行的主要服装单品或者服装样式，通过流行发布形式让人能对流行的服装样式有基本的了解和概念（图 7-11）。

图 7-11　女装流行款式预测

二、服装色彩

国际上流行趋势发布机构和公司往往都是从色彩开始着手，继而推出纤维和纱线、面料、服装。专业权威机构的服装流行工作者通过观察国内外服装流行色的发展状况，取得大量的市场资料，对资料做分析和筛选，在色彩定制中还加入了社会、文化、经济等因素，然后确定服装流行色彩。通常流行色按主题发布，先有一个概念版，也就是将很多可以表达某系列流行色彩印象的图片放在一起，概念版的色彩倾向比较清楚，然后从中提取流行色并以色块表示（图7-12）。而设计师或服装品牌则会直接以服装成品发布会来展示流行色彩。

图 7-12 女装流行色彩预测

三、服装面料

面料流行通常紧跟色彩流行之后发布，面料作为流行链中重要一环，起着承上启下的作用。专业机构通常也是分主题发布面料的流行，将很多代表性的流行面料实物图片放置在一起，有时还会用文字标明流行面料的类别名称或某种面料的具体名称（图7-13）。

图 7-13 女装流行面料预测

四、整体版型

流行元素中对整体版型的发布主要是指服装的结构和剪裁，也包括服装的廓形。结构的细微处理可以体现出流行的特征，时代文化的特征也会反映在结构和剪裁上。比如我们通常所说的流行紧身的或宽松的、流行平摆的或斜裁的等。服装流行发布中出现的强调身体线条的拉链裙、宽松垂感的外观、不对称剪裁的平织长裙、无袖连身裙等字眼，就是从整体版型角度进行的描述。

五、服饰配件

服饰配件的流行发布包括挂件、鞋子、帽子、项链、包袋、腰带等，作为整体配套设计，配件的发布也比较重要。服饰配件有时还会成为一个季节流行强调的内容。一件设计简单的服装，配上设计感很强的配饰，同样会有很好的效果（图7-14）。

图7-14　女装流行配饰

六、穿着方式

穿着方式是指服装穿着搭配的整体最后着装效果，有时也包括化妆等内容。穿着方式是整体服饰形象的第二次设计，也是设计师传递服饰风貌的设计方式之一，通常还是某种生活方式或社会环境背景的体现。穿着或搭配方式不同，其外观效果也不相同，因此，服装的穿着方式也成为流行的内容。

第八章
女装系列化设计

　　女装系列化设计是把女装设计单品拓展为系列，多方位地表达设计构思，强调整个系列多套服装的统一美和层次感。本章主要介绍女装系列设计的创作思维方法和表现形式，包括系列服装设计基础知识、系列设计条件、设计思路及设计方法。女装系列设计是理性的设计，需要一定的基础累积，并且结合市场，进行有针对性的设计。系列设计与单品设计不同，需要设计师对系列有一定的掌控力，多方面综合地表达设计构思。

第一节　系列服装设计的基础知识

一、系列服装设计的概念

　　一组产品中具有相同或相似的元素，我们就可以把它称作一个系列。同时，系列要有一定的次序和内部关联性，并构成各自完整而又互相有联系的产品或作品形式。服装的三元素是款式、色彩、材料，这三元素之间的协调组合是综合运用的关系，包括造型与色彩、造型与材料、色彩与材料三方面的综合运用。如款式、色彩相同，面料不同；或者款式不同，面料、色彩相同等。在进行两套以上服装设计时，用这三方面去贯穿不同的设计，每一套服装在三者之间寻找某种关联性，这就是系列服装设计。图8-1为某系列女装设计概念灵感版。

灵感来源

大自然给予了设计师无限的启迪。自然界中形形色色的生物形象不断地激发着人类的创造力，同时自然界中的各种形态规律得到尊崇，千姿百态的自然形态是本系列灵感的激发点，了解研究各种植物形态将其运用到服装上创造出层次感十分的服装。

natural inspiration

图 8-1　某系列女装设计概念灵感版

二、系列服装设计的意义

在现代社会观念的影响下，消费者已经渐渐习惯用系列的眼光、系列的思维来看待日常生活中的各种消费项目，与大众生活密切相关的系列产品越来越具有优势。而服装是技术与艺术的综合体，系列化的着装方式及购买行为已经越来越为人们所接受。

品牌服装大都很重视产品的系列化，尤其是高端品牌在产品的组合上其系列感会更加突出，充分反映产品的定位和品牌的形象特色。现在的服装公司，在产品换季开始，往往以系列的形式向市场推出自己的产品。单品设计往往不具备量的优势，而且容易让人感觉杂乱无章、不成系统。系列服装产品可以满足不同层次消费者的需求。设计师在不同的主题设计中，从款式、色彩、面料等方面系统、紧凑地进行系列服装设计，可以充分展示系列服装的多层内涵，充分表达品牌的主题形象、设计风格和设计理念。并且在进行服装陈列时，具有相同元素的服装更容易吸引消费者眼光，激发购买欲。图8-2为以系列形式推出的女装。

图8-2　以系列形式推出的女装

系列服装与单品款式相比，具有一定的视觉冲击力。无论是服装专柜、橱窗陈列或秀场展示，以整体系列形式出现的服装，其韵律强调、变化细节和各种元素产生的视觉感染力比单件服装的效果要强很多。服装作品或产品的系列化整体效果以及它们所具有的深度与广度，都通过服装中各种系列要素组合的凝聚力使系列作品的主题得以体现，使服装得到内在的升华并传达一种文化理念。系列服装可以制造声势，起到宣传和烘托气氛的作用。相对来说，在服装发布会上，系列越大，对视觉的刺激效应也越强烈，给人的印象也越深。而单件服装的发布由于其局限性，会显得零碎杂乱，这种方式渐渐被市场淘汰。

三、系列服装的设计原则

较为成功的系列服装应该层次分明、主题突出，产品款式变化丰富又统一有序，这也是系列服装设计的主要原则。

首先，女装系列服装设计必须有相对统一的设计元素，可以是色彩、款式、风格、细节或是图案，这样才能称其为系列。如果一个服装品牌的单品都各有设计点，每个单品都非常完整，构思巧妙，但是单品与单品之间缺少某种联系，风格混乱，没有统一方向，这不能称为一个合格的系列服装设计。简单来讲，就是在系列服装中要有一种或几种共同元素将这个系列前后串联起来，使其成为一个整体。要做到统一而有变化，就要对产品的某种细节特征反复地以不同的方式强调。图 8-3 为具有统一设计元素的系列服装设计。

图 8-3　具有统一设计元素的系列服装设计

其次，系列服装要有突出的主题，就是要强调设计中最具有代表性的设计元素。这个设计元素可以是一种色彩、一种工艺或者是一种图案等，只要它具有比较突出的吸引消费者的特点，就可以成为一个系列的主要元素。有些女装系列从每一款单品出发都有设计点，服装之间的元素也统一，但是没有一致的主题，这样的服装产品也难成系列，达不到预期的效果。图 8-4 为以竹子元素为主题的系列服装设计。

最后，系列服装的层次分明就是要求在系列服装产品中有主打产品、基础产品、形象产品等。主打产品是设计最精彩、最完整的产品，它使设计理念很完美地展现出来；基础产品则相对弱些，它的作用之一是衬托主打产品，可以是每季都会包含的产品；形象款就是指把系列元素及风格运用到极致，是能代表系列甚至是品牌形象的，这种服装可以偏创意一些，但是在整体系列中的数量比例不能太高，要保证整体系列的经济性。

图 8-4　以竹子元素为主题的系列服装设计

第二节　女装系列服装的设计条件

系列服装设计首先要遵循服装设计的基础条件，然后在此基础上根据具体设计要求完成设计的系列化。女装系列服装的设计条件主要包括系列主题、主体风格、品类规划、品质要求和工艺技术。

一、系列主题

系列服装设计作品的主题在很大程度上体现了设计师的意识形态、审美层次、品位兴趣及文化属性等。无论使用哪种设计形式，使用哪些细节设计，都要围绕系列主题展开，使服装各方面的元素融合于主题内容中，系列才会以预期的形式呈现在消费者面前，同时还能体现设计师的思想。服装主题是设计师与消费者之间的沟通媒介，无论是实用服装系列设计还是创意服装系列设计，都离不开设计主题的确定，这是设计开始的基础。有了设计主题，就为设计确定了明确的设计方向，不然在设计时，每个设计师都有不同的想法，这样设计出来的系列产品往往杂乱不成体系。主题的确定是决定设计好坏的关键，一个好的主题可以给设计师带来更多的灵感，呈现出更好的设计效果。

二、主体风格

在系列主题决定后，确定系列主体风格也是关键的一步。在同一主题下，可以有多种风格的诠释，这就要求在设计进行的过程中对成组、成系列服装的风格进行把控，使其呈现一致。

比如在同一主题下，偏创意设计的系列可以采用夸张、艺术性强的服装风格来突出系列的创意性；而在偏实用的系列中，就可以采用比较实用、能迎合大众审美的设计风格，这样更有利于服装产品的销售。当然，不管是什么类型的设计，都需要结合流行趋势，在前期制定设计方案时，考虑到各方面因素，选择相适应的主体风格。

三、品类规划

系列服装在确定服装的系列主题和主体风格以后，还要确定系列服装品类，在相同的服装数量下，可以分配不同品类的数量。如女装系列是以连衣裙为主，穿插一些上衣外套；还是以裤装为主，其他品类根据裤装的大方向搭配相应的风衣、内搭等。此外，是否需要配饰等，都是需要考虑的。

四、品质要求

女装系列服装的品质要求决定着系列服装所用面料、辅料的档次。在系列服装的主题、风格以及品类等确定后，对服装的品质希望达到或者能够达到的要求做综合考虑，以此来决定用什么样的面料、辅料或者是否使用替代品等。这是对系列服装在成本价格上的限定，尤其在品牌女装系列服装设计中，是一个必须考虑的重要条件。

五、工艺技术

服装制作的工艺技术具有一定的烦琐性，包括检验、裁剪、缝制等一系列的工作。随着社会的不断发展，服装的样式也越来越多，在流水线的设计过程当中，不仅要跟上时代发展的步伐，还要保证服装的品质以及其所具有的造型效果，从而让服装的制作更加科学、合理。在进行系列服装设计时，要考虑现有的工艺技术能否同时满足设计要求和成本要求。尽量选用工艺简单效果又比较突出的制作技术。创意服装系列设计要在可能实现的技术范围内自由发挥创造性，实用服装系列设计则是在考虑到尽可能降低成本、简化工序的基础上选用经济高效的制作技术。

第三节 女装系列服装的设计思路

准确的设计思路在女装系列服装设计中是尤为重要的，在满足设计条件的情况下，首先要确定的就是用何种思路来进行系列服装设计。在设计中，由于设计灵感来源及工艺技术的多样性，往往会有什么都想要、什么都想做的情况，这样就会造成系列过于繁复、生产成本过高。为了避免这种情况的发生，下面介绍四种女装系列服装设计中常用的设计思路。

一、归整

归整就是将各种各样、变化丰富的服装构思或设计进行条理化分析与整理，从而使系列服装产品层次分明、多而不乱，这是系列服装设计中最常见的设计思路。在系列服装设计中，归整是利用较多的一种设计思路。比如，系列服装主题不明确、单品设计没有根据整体风格来设定或者系列服装之间缺乏关联性，在这种情况下，归整往往能起到一定作用。归整的办法有很多，如在服装单品之间归纳能代表系列服装的设计元素，在单品间设计出能调和各种产品之间差异的服装款式，或者在现有产品的基础上，强化关键元素或风格，增加关联性因素，这样就会统一服装产品的形象。

二、补充

补充就是在现有系列服装的基础上，根据系列服装的主题和风格，不断补充新款服装单品。如果原有系列服装已经有较好的系列感，在进一步补充款式时，就可以抓住原有系列元素作为补充产品的关键设计元素，这样设计出来的服装产品就不会杂乱无章。补充设计有不同的目的，有时是因为品类太过单一，款式变化较少，为了使系列在原有计划基础上更为丰富而补充某些新的款式。这样一方面增强了消费者的可选择性，另一方面也增强了系列搭配时的可搭配性。

三、删减

删减就是将系列服装的设计元素简单化，使系列尽可能地具有较好的统一性。在一些情况下，一个系列服装的元素越多，越容易出现杂乱的情况，特别是在元素之间不能相互呼应的情况下。在女装系列服装设计中，将一些不符合主题的元素或是较为突兀的元素删减掉而保留相对比较相似、比较容易协调的元素是最简单的思路。但是这种思路容易使服装产品感觉单调，所以只适合小规模系列服装。在一些大的服装品牌公司中，因为产品众多，可能每一次设计上新都会有不同主题风格的系列服装，服装品类也较多，一味地删减是不合适的，还是要保证系列服装的丰富性。

四、关联

关联就是在一个系列服装之间或者同品牌的不同系列服装之间通过各方面的关联使之形成系列。在系列服装设计中，单件服装之间必定有着某种相互关联的元素，因此，每个系列服装在多元素组合中表现出来的关联性和秩序性是系列服装设计的基本要求。对于服装公司来说，同一风格的多个系列服装一般都要尽可能多地寻求搭配的各种可能性。搭配的系列服装越多，其设计越难以把握，这就要求设计师在熟悉多种服装构成要素的基础上，结合搭配的基本要求，在系列服装之间寻找关联以方便横向、纵向或斜向的交叉搭配。

第四节　女装系列服装的设计方法

　　女装系列服装的设计方法多种多样，并没有一个标准答案来告诉设计师及企业该如何设计。但也不是说设计方法无迹可寻，在设计过程中，也可以简单运用一些常用并有针对性的设计方法来进行女装系列服装设计。下面介绍八种常用的女装系列服装设计方法。在实际运用中，需要根据不同的情况综合运用，而不是生搬硬套。设计是需要实践的，只有多进行练习，才能灵活运用这些设计方法，实现良好的设计效果。

一、整体系列法

　　整体系列法是指保持服装的整体表现特征一致或相近，并表现出同一风格和特点，从而使系列中的服装的面貌具备较多共同特征的系列服装设计方法。这种方法比较容易突出服装的系列感，强调统一性而弱化对比性，但是每套服装大同小异，一般比较适合用于风格比较稳重低调的实用服装。这种情况下可适当强调色彩和面料的变化，或者加入一些面积较小却较为突出的细节，避免由于设计元素的过于统一而使得设计结果雷同或沉闷。图 8-5 为整体系列法设计的女装系列。

图 8-5　整体系列法设计的女装系列

二、细节系列法

　　细节系列法是指把服装中的某些细节作为关联性元素来统一系列服装中多套服装的系列设计方法。作为系列服装设计重点的细节要有足够的显示度，以压住其他设计元素。相同或相近的内部细节可利用各种搭配形式组合出丰富的变化，通过改变细节的大小、厚薄、颜色和位置，使设计结果产生不同效果。如用立体的坦克袋作为系列服装设计的统一元素，就可以将口袋的位置进行变化性的位移设计，或者用大小搭配、色彩交叉等手法将其贯穿于所有设计中（图8-6）。

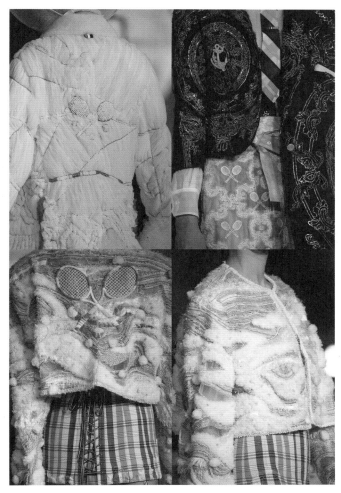

图8-6 细节系列法设计的女装系列

三、形式美系列法

　　形式美系列法是指以某一形式美原理作为统领整个系列要素的系列服装设计方法。节奏、渐变、旋律、均衡、比例、统一、对比等形式美原理都可以用来作为系列服装设计的要素，即对构成服装的廓形、零部件、图案、分割、装饰等元素进行符合形式美原理的综合布局，取得视觉上的系列感。如用对比的手法将服装的外部轮廓和局部细节进行设计组合，使得每一单品均出现一种视觉效果十分强烈的对比，整个系列给人一种活跃、动感、刺激的印象。形式美系列法应用在服装上时，必须以主要形式出现，形成鲜明的设计要点，成为整个系列服装设计的统一或对比要素，再经过服装造型和色彩的配合，就形成很强的系列感（图8-7）。

图 8-7　形式美系列法设计的女装系列

四、廓形系列法

　　廓形系列法是指整个系列服装的外部造型一致，以突出廓形的统一为特征而形成系列的系列服装设计方法。这种设计方法可以在服装局部结构上进行变化，如对领口的高低、口袋的大小、袖子的长短、门襟的处理等进行变化与设计。服装的外造型虽然一致，但内部结构细节不同，使整个系列服装在保持廓形特征一致的同时仍然有丰富的变化，以此来强调系列服装的表现力。这种方法要注意廓形应有比较明显的统一特征，否则会显得杂乱无章，难以成系列。如果未来更突出系列性，在色彩的表现和面料的选用上也可使用某些同一元素，使服装的系列感更强（图8-8）。

图 8-8　廓形系列法设计的女装系列

五、色彩系列法

　　色彩系列法是指以色彩作为系列服装中统一设计元素的系列服装设计方法。可以是单色，也可以是多色，将其贯穿于整个系列服装之中。由于色彩系列法容易使设计结果变得单调，因此，在廓形和细节等变化不大的情况下，可以适当地通过色彩的渐变、重复、相同、类似等变化，取得形式上的丰富感。色彩之间具有色相、明度、纯度的差异，还有有彩色和无彩色之分，因此色彩系列法可以分为色相系列法、明度系列法、纯度系列法和无彩色系列法。强调色彩是系列服装设计中经常用到的设计手法，它不仅能准确表达流行色彩，同时也增添了服装的魅力，丰富服装的表现语言。色彩系列法的手段是多种多样的，有的是在面料上进行穿插或呼应，使视觉效果更加丰富多彩；有的通过某种色彩的强调，形成一个系列服装的主要亮点。图8-9为色彩系列法设计的女装系列。

图 8-9　色彩系列法设计的女装系列

六、面料系列法

面料系列法是指利用面料的特色通过对比或组合表现系列感的系列服装设计方法。通常情况下，当某种面料的外观特征十分鲜明时，其在系列服装表现中对造型或色彩的发挥可以比较随意，因为此时的面料特色已经足以担当起统领系列的任务，形成了视觉冲击力很强的系列感。比如有些本身肌理效果很强或者经过改造的面料，具有非常强烈的风格和特征，在设计时即使造型和色彩上没有太大的变化，也会有丰富的视觉效果。如果再加上造型的变化、色彩的合理表现，其系列效果就会有非常强烈的震撼力。所以利用面料系列法设计系列服装时，对面料的选择相当重要，如果面料的特点不是很突出，没有较强的个性与风格，那么靠面料组成的系列服装其系列感就会比较弱，甚至难以组成系列。图 8-10 为面料系列法设计的女装系列。

图 8-10　面料系列法设计的女装系列

七、工艺系列法

　　工艺系列法强调服装的工艺特色，将某种工艺特色贯穿整个系列，是系列服装设计中关键性的设计方法。工艺特色包括饰边、绣花、打褶、镂空、缉明线、装饰线、结构线等。工艺系列法一般是在多套服装中反复应用同一种工艺手法，使之成为系列服装设计作品中最引人注目的设计内容。如果工艺特色仅仅是在服装上点缀一下，则不能形成服装的特色。图 8-11 为工艺系列法设计的女装系列。

图 8-11　工艺系列法设计的女装系列

八、品类系列法

品类系列法是指以相同的服装品类为主线，进行同品类单品产品开发并形成系列的系列服装设计方法。这个方法设计的系列服装中所有的服装都是同一品类，这是企业在市场销售中经常使用的系列服装形式，如裤装系列、衬衣系列、裙装系列、夹克系列等。为了让消费者有较大的选择余地，这些服装的面料、造型、工艺、装饰及风格等往往是不相同的，如果不是按照品类集中在一起，难以看出它们属于一个系列。为了以系列的面貌出现在零售中，在品牌服装的系列服装设计中，一般在这些不同品类之间也寻找某些关联性设计因素，使不同的品类之间可以有比较不错的可搭配性。如果将这种女装系列服装设计方法放大，则近似于一个品牌在策划一盘完整的货品。图 8-12 为品类系列法设计的女装系列。

图 8-12　品类系列法设计的女装系列

第五节　女装系列服装的设计步骤

女装系列服装的设计步骤不同于单品女装设计，是对组成系列元素的宏观把握和局部调节的统一与协调，使单品服装既可以组成系列服装而又不失其个性特征。如果不清楚步骤要点，很有可能在设计过程中出现无从下手、条理不清的情况。女装系列服装设计的步骤主要包括前期市场调研、选定系列形式、整理系列要素、款式设计等。

一、前期市场调研

在进行女装系列服装设计前，要进行有针对性、有计划的市场调研，主要是考察同类品牌的新品发布，同时进行消费者调查，了解市场及消费者心理。前期的市场调研包括款式调研、流行元素调研、面料调研、消费者问卷等，尽量做到素材丰富翔实，以更好地指导接下来的设计（图8-13、图8-14）。

二、选定系列形式

当系列服装的主题、风格等确定后，就可以进行具体的系列服装设计。系列服装设计的第一步是要选定系列形式，如确定是以造型款式组成系列还是用色彩组成系列，如果是用造型组成系列，是用外轮廓进行统一还是内部细节进行统一等。所有这些问题都要考虑清楚，然后才可以根据系列形式罗列组织素材，否则在设计过程中就会出现混乱，面对众多的系列要素时就会无从下手，条理不清。

图8-13　市场调研素材

图 8-14　面料市场调研

三、整理系列要素

系列形式选定以后就可以根据所确定的形式罗列系列要素，从服装的面辅料、色彩选择、结构工艺以及局部细节设计到服饰配件等的搭配，都要一一进行罗列组织，然后根据系列套数进行合理安排分配。系列要素一定要与服装的主体风格和系列形式相互协调（图 8-15、图 8-16）。

图 8-15　女装系列款式灵感

图 8-16 女装系列细节灵感

四、款式设计

所有的系列元素一经选定并在设计构思中进行了合理的组织安排后，可以将一个系列看成是一个整体，对这一整体中的每一个单品进行系列元素的分配，随后将每一款设计逐一画出，在画的过程中要注意服装整体系列感的表现以及系列元素的合理安排。由于系列服装设计的概念不只是完成单品设计，还要考虑系列服装之间每个单品的关系，如果一开始就孤立地单独完成一个个款式设计，将有可能使其支离破碎，缺乏整体感，这是女装系列服装设计的重要内容。图8-17、图 8-18 分别为春夏和秋冬女装系列款式设计。

五、局部调整

一般情况下，在绘画图稿上表达的设计与设计构思会有些差异，所以画完整体系列服装效果图以后，要看每套服装之间的关联协调性是否达到理想效果，细节设计、布局安排是否到位，然后根据设计意图进行局部调整，这样就会使设计更加完整统一。

图 8-17　春夏女装系列款式设计

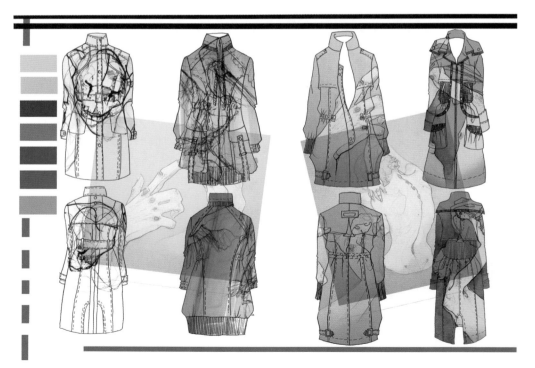

图 8-18　秋冬女装系列款式设计

六、系列搭配

服装单品的可搭配性是品牌服装设计中非常重要的问题。每个消费者都希望新购买的服装可以与多件服装相配，既经济，又可以搭配出多种服饰形象。因此品牌服装的系列服装设计中，应最大限度地考虑不同系列服装的可搭配性。系列服装之间搭配时，首先要考虑单一系列服装的系列元素，然后在搭配系列中寻找关联性因素进行设计。

如果整个设计任务仅有一个系列服装，则不必考虑这个系列服装与其他系列服装的搭配。如参赛服装一般只有一个系列，只要按照系列服装设计步骤完成设计即可。图 8-19 为创意款女装系列。

图 8-19　创意款女装系列

参考文献

[1] 李当岐. 服装学概论. 北京：高等教育出版社，1990.

[2] 饭塚弘子. 服装设计学概论. 李祖旺，等译. 北京：中国轻工业出版社，2002.

[3] 冯利，刘晓刚. 服装设计概论. 上海：东华大学出版社，2015.

[4] 李正，徐崔春，李玲，顾刚毅. 服装学概论. 北京：中国纺织出版社，2014.

[5] 胡讯，须秋洁，陶宁. 女装设计. 上海：东华大学出版社，2015.

[6] 徐青青. 服装设计构成. 北京：中国轻工业出版社，2001.

[7] 张星. 服装流行与设计. 北京：中国纺织出版社，2000.

[8] [美]Rita Perna. 流行预测. 李宏伟，译. 北京：中国纺织出版社，2000.

[9] 刘晓刚，崔玉梅. 基础服装设计. 上海：东华大学出版社，2015.

[10] 袁仄. 服装设计学. 北京：中国纺织出版社，2000.

[11] 汤迪亚. 服饰图案设计. 北京：中国纺织出版社，2015.

[12] 陈建辉. 服饰图案设计与应用. 北京：中国纺织出版社，2013.

[13] 张树新. 现代服饰图案. 北京：高等教育出版社，1994.

[14] 刘楠楠. 服装装饰细节设计方法与实践. 北京：中国纺织出版社，2014.

[15] 周丽娅. 系列女装设计. 北京：中国纺织出版社，2001.

[16] 罗伯特·利奇. 时装设计：灵感·调研·应用. 北京：中国纺织出版社，2017.

[17] 奥博斯科编辑部. 配色设计原理. 北京：中国青年出版社，2009.

[18] 日本色彩设计研究所. 配色手册. 天津：天津凤凰空间文化传媒有限公司，2018.

[19] 杰妮·阿黛尔. 时装设计元素：面料与设计. 朱方龙，译. 北京：中国纺织出版社，2015.

[20] 刘晓刚，李峻，曹霄洁，蒋黎文. 品牌服装设计. 上海：东华大学出版社，2015.

[21] 陈彬. 服装设计（基础篇）. 上海：东华大学出版社，2012.

[22] 许岩桂，周开颜，王晖. 服装设计. 北京：中国纺织出版社，2018.

[23] 王群山. 服装设计元素. 北京：中国纺织出版社，2013.

[24] 顾雯，刘晓刚. 女装设计. 2版. 上海：东华大学出版社，2015.

[25] 刘建铅，虞紫英，卢燕琴. 女装设计. 北京：中国纺织出版社，2022.

[26] 朱达辉. 女装设计表现技法. 上海：东华大学出版社，2023.

[27] 李正，王巧，涂雨潇. 女装设计与产品企划. 北京：人民美术出版社，2023.

[28] 卞颖星. 品牌女装设计与技术. 北京：中国纺织出版社，2019.

[29] 卓开霞. 品牌女装设计与技术. 上海：东华大学出版社，2020.